现 代 钛 锆 矿 选 矿

高玉德　著

北 京

冶 金 工 业 出 版 社

2023

内 容 提 要

本书系统地介绍了钛锆矿石的类型、性质、工艺矿物学特性和选矿新工艺、新药剂，详细阐述金红石、钛铁矿、锆石的浮选及其浮选原理，有用矿物独居石、磁铁矿、赤铁矿、钽铌矿、锡石、稀土、石英等的综合回收，钛锆矿选矿工艺研究实例以及钛锆矿的选矿厂实例。本书对钛锆资源的开采利用具有重要的学术价值和应用价值。

本书可供科研院所选矿行业及相关专业的科技人员、管理人员、矿山企业工程技术人员阅读，也可供大专院校师生参考。

图书在版编目（CIP）数据

现代钛锆矿选矿／高玉德著 . —北京：冶金工业出版社，2022.1（2023.6重印）

ISBN 978-7-5024-9022-5

Ⅰ.①现…　Ⅱ.①高…　Ⅲ.①钛矿床—选矿技术　②锆铪矿床—选矿技术　Ⅳ.①TD95

中国版本图书馆 CIP 数据核字（2022）第 014002 号

现代钛锆矿选矿

出版发行	冶金工业出版社	**电　话**	（010）64027926
地　　址	北京市东城区嵩祝院北巷 39 号	**邮　编**	100009
网　　址	www.mip1953.com	**电子信箱**	service@ mip1953.com

责任编辑　王悦青　程志宏　美术编辑　彭子赫　版式设计　禹　蕊
责任校对　葛新霞　责任印制　窦　唯

北京捷迅佳彩印刷有限公司印刷

2022 年 1 月第 1 版，2023 年 6 月第 2 次印刷

710mm×1000mm　1/16；11.75 印张；1 彩页；231 千字；178 页

定价 **68.00** 元

投稿电话　（010）64027932　投稿信箱　**tougao@cnmip.com.cn**
营销中心电话　（010）64044283
冶金工业出版社天猫旗舰店　**yjgycbs.tmall.com**
（本书如有印装质量问题，本社营销中心负责退换）

前　言

　　钛锆是重要的战略资源，在稀有金属中占有特殊地位。钛及钛合金具有储氢、超导、耐热、耐低温、形状记忆、高弹性和低阻尼性等特点，被称为"现代金属"，在航天航空、军事工业、舰船工业、海洋工程、热能工程、化工和石化工业、冶金工业、汽车工业、建筑业及医疗、日常生活等领域中被广泛应用。锆及其化合物具有独特的优良性能，如耐高温、抗氧化、耐腐蚀、压电性和突出的核能性，在现代工业中得到广泛的应用。

　　世界钛锆工业的发展始于20世纪40年代，中国钛锆工业始于20世纪50年代。我国钛、锆矿业是伴随钛白和钛锆金属行业而发展起来的。1959年在河北承德双塔山铁矿建成原生钛铁矿选矿厂，1964年开始建设海滨砂矿钛锆矿山，1980年建成了四川攀枝花选钛厂。目前全国约有80多家钛锆选矿厂，钛锆选矿技术有了长足发展，借助现代化的检测手段、高效的采选设备、先进的选矿工艺以及绿色环保的浮选药剂，较大幅度地提高了钛锆的经济技术指标。随着现代工业的迅猛发展，世界对钛锆等稀有金属的需求逐年增长，钛锆多金属矿资源综合开发利用进入了一个崭新的阶段。

　　全球钛资源储藏量多、分布较广，主要分布在澳大利亚、南非、加拿大、中国和印度等30多个国家。我国钛矿资源丰富，约占世界钛资源的32%，全国20多个省或区有钛矿资源。四川攀枝花和河北承德是我国一南一北两大钛生产基地。世界锆矿资源储量主要集中在澳大利亚、南非、乌克兰、印度和巴西五个国家，约占世界锆资源的86%。锆为我国短缺的稀有金属之一。钛锆选矿工艺取决于矿石类型、矿石性质及矿物组成等因素。原生钛矿石性质比较接近，目的矿物比较简单，采用的选矿工艺有共性。砂矿的矿物组成比较复杂，往往含有钛铁矿、锆石、金红石、独居石、磷钇矿、锡石等多种有用矿物，精选分离流程相对比较复杂。因此，必须加强科技攻关，研发出具有针对性、结构合理及工业适用的选矿新工艺。

本书作者所在团队从 20 世纪 60 年代开始，长期从事钛锆、钽铌、锂铍、钨、锡、稀土等稀有金属资源综合利用的开发研究工作，深谙稀有金属矿研究工作的高难度，秉承前辈们严谨、细致、务实的学术作风，在稀有金属矿物特征及选矿工艺研究方面积累了丰富经验，借助现代先进的检测设备对钛锆等稀有金属矿进行了深入的工艺矿物学研究，揭示了钛锆多金属矿的矿物组成、嵌布状态、赋存状态等特性。根据不同钛锆矿物及其共伴生矿物的工艺矿物学特性，结合现代化的选矿设备及新的选矿药剂，开发出海滨砂矿"移动式采选新工艺""筛选螺旋粗选工艺技术及设备""以湿式磁选及浮选作业为主的精选工艺"，原生金红石矿"高梯度磁选+浮选+干式磁选"，原生钛铁矿"磁选+浮选"等多项新工艺，形成了成套钛锆资源高效回收新技术。

本书全面介绍了钛锆矿石类型、主要钛锆矿物工艺矿物学特性和选矿新工艺新技术，系统叙述了金红石、钛铁矿、锆石的浮选及其浮选原理，有用矿物独居石、磁铁矿、赤铁矿、钽铌矿、锡石、稀土、石英等的综合回收，钛锆矿选矿工艺研究实例以及钛锆矿的选矿厂实例，对钛锆矿资源开采利用具有重要的学术价值和应用价值。

本书为稀有金属矿选矿系列丛书之一，已出版的还有《现代钨矿选矿》和《现代钽铌矿选矿》。该系列丛书可供科研院所选矿行业及相关专业的科技人员、管理人员、矿山企业工程技术人员以及大专院校师生阅读参考。

本书编写过程得到曹苗博士、梁冬云教授、董天颂教授大力支持和帮助，邱显扬教授、程德明教授、刘承宗教授、周德盛教授、张忠汉教授予以倾心指导，刘牡丹、王成行给予充分的支持，在此诚挚地表示谢意；作者科研团队的邹霓、王国生、徐晓萍、韩兆元、孟庆波、卜浩、陈斌、万丽、王洪岭、何名飞、吴迪、李双楳、李波、李美荣、洪秋阳等也给予了很大支持和帮助，在此作者一并表示衷心的感谢！

　　本书编写过程中也参考了同行的一些研究成果和文献数据，在此对他们一并表示感谢。由于作者水平所限，书中不足之处，恳请广大读者批评指正。

作　者

2021 年 4 月

目　录

矿物体视显微镜彩图

1 概　　论

1.1　钛锆简史

1.1.1　钛锆的发现与制取

1791 年英国牧师 W. 格雷戈尔（Gregor）在黑磁铁矿中发现了一种新的金属元素。1795 年德国化学家 M. H. 克拉普鲁斯（Klaproth）在研究金红石时也发现了该元素，并以希腊神 Titans 命名。1910 年美国科学家 M. A. 亨特（Hunter）首次用钠还原 TiCl 制取了纯钛。1940 年卢森堡科学家 W. J. 克劳尔（kroll）用镁还原 TiCl 制得了纯钛。从此，镁还原法（又称为克劳尔法）和钠还原法（又称为亨特法）成为生产海绵钛的工业方法。美国在 1948 年用镁还原法制出 2t 海绵钛，从此达到了工业生产规模。随后，英国、日本、苏联和中国也相继进入工业化生产，曾经的主要产钛大国为苏联、日本和美国。

早在几个世纪前，锆石已经被人类用作珠宝。锆石在圣经中也有被提及，称其是以色列大祭司佩戴的 12 种宝石之一。

锆石具有从橙到红的各种美丽的颜色，无颜色的锆石经过切割后会呈现出夺目的光彩。正是因为这个原因，锆石在很长一段时间内被误认为是一种软质的钻石。

锆的发现和提取主要归功于两位化学家，德国化学家马丁·海因里希·克拉普罗特（Martin Heinrich Klaproth）和瑞典化学家术斯·雅格·贝齐利阿斯（Jöns Jacob Berzelius），这两位化学家在锆的发现和提纯上做出了非凡的贡献。

在 1789 年，德国化学家马丁证明了锆石并不是钻石，澄清了人们对锆石的误解。他通过将锆石与反应性化合物氢氧化钠共同加热，发现这两种物质反应生成了一种氧化物。马丁认为这种氧化物内含有一种新的元素。他将这种新的氧化物命名为氧化锆，而这种新的元素命名为锆。

马丁当时无法提取出纯锆，因为它与铪的化学性质很相似，而铪常常与锆共同赋存在锆矿石中。直到 35 年之后，1824 年，瑞典化学家贝奇利阿斯首次制取出纯锆。当时，还有其他几位化学家也致力于这项工作，但是都没能成功。贝奇利阿斯通过将钾和氟锆酸钾的混合物放置于一个铁管中进行加热成功提取出纯锆。实验所得的黑色粉末状的锆纯度达 93%，贝奇利阿斯的提纯制出的锆的纯度一直没能再提高，直到近 100 年后，高纯度的锆才被制出。如今，大部分的锆都是从锆石（$ZrSiO_4$）和二氧化锆（ZrO_2）中提取的，提取的过程被称为"克罗尔法"（Kroll Process）。

1.1.2　我国钛锆矿业发展史

我国钛锆矿业是伴随钛白和钛锆金属行业发展起来的。1959 年在河北承德双塔山铁矿建成原生钛铁矿选矿厂。1964 年开始建设海滨砂矿钛锆矿山。1980 年建成了四川攀枝花选钛厂。目前全国约有 80 多家钛锆选矿厂，借助现代的检测手段、高效的采选设备、先进的选矿工艺以及绿色环保的浮选药剂，较大幅度地提高了钛锆的经济技术指标。

近几年随着中国经济的平稳快速增长，供给侧结构性改革已初见成效。2019 年尽管中国经济运行面临着下行的压力，但中国钛锆工业仍然一枝独秀，经过前几年的结构性调整，中国钛锆工业转型升级已初见端倪。2019 年，中国钛锆工业不论在总体产量还是在价格方面，均出现了近几年少有的量价齐升的喜人局面，中国钛锆工业步入了新一轮发展的快车道，整体钛锆产业正向着诸多利好的方向发展。

1.2　钛锆的性质与用途

1.2.1　钛的性质与用途

钛在元素周期表中的序数为 22，原子核由 22 个质子和 20~32 个中子组成。钛是典型的亲石元素，在自然界中常以氧化物矿物存在，以正四价氧化物最为稳定。

钛的熔点为 1668℃，比铁的熔点高 118℃，是轻金属中的高熔点金属。钛的密度为 4.51g/cm³，仅为铁的 57.4%。纯钛的电阻率和热导率与奥氏体不锈钢大致相当。钛的比容与奥氏体不锈钢相似，但由于密度小，则热容小，易加热也易冷却。

纯净的钛是银白色金属，具有银灰光泽。高纯钛具有良好的可塑性，但当有杂质存在时会变得脆而硬。

在室温时钛不与氯气、稀硫酸、稀盐酸和硝酸作用，但能被氢氟酸、磷酸、熔融碱侵蚀，很容易溶解于 HF 和 HCl 或 HF 和 H_2SO_4 的混合溶液中。

钛是一种非常活泼的金属，其平衡电位很低，在介质中的热力学腐蚀倾向大，但实际上钛在许多介质中很稳定，包括在氧化性、中性和弱还原性介质中。这是因为钛和氧的亲和力很大，在空气中或含氧介质中，钛表面生成一层致密的、附着力强的、惰性大的氧化膜，保护钛基本不被腐蚀。该膜即使由于机械磨损也会很快自愈或再生。这表明钛是具有强烈倾向的金属。该氧化膜在 315℃ 以下始终保持这一特性。钛最突出的性能是对海水的抗腐蚀性很强，其抗腐蚀性甚至比白金还好。

虽然纯钛强度很低，但钛合金却强度很高，如常用的钛合金 Ti-6Al-4V 其强度达到了一般高强度钢的水平。钛合金的密度小，因此钛合金的比强度高。

钛合金的弹性模量不高，但由于它同时具有弹性模量低和屈服强度高的特征，所以适合用作弹簧材料，在弹性相同的情况下，钛弹簧的质量仅为普通弹簧的28%，而且耐腐蚀。

钛合金的高温和低温性能优良。在高温下，钛合金仍能保持良好的力学性能，其耐热性远高于铝合金，且工作温度范围较宽，目前新型耐热钛合金的工作温度可达550~600℃。在低温下，钛合金的强度反而比在常温时增加，且具有良好的韧性。

钛是无磁性金属，在很强的磁环境中也不会被磁化。钛具有形状记忆特性，钛镍合金是很好的形状记忆材料。钛具有吸氢特性，钛及钛铁合金是很好的储氢储能材料。钛合金具有超导性能，钛镍合金是很好的低温超导材料。钛具有低阻尼性，声波和振动在钛中衰减很慢。

正因为钛及钛合金具有储氢、超导、耐热、耐低温、形状记忆、高弹性和低阻尼性等特点，所以用途十分广泛，被称为"现代金属"，在航天航空、军事工业、舰船工业、海洋工程、热能工程、化工和石化工业、冶金工业、汽车工业、建筑业及医疗、日常生活等领域中广泛应用。

1.2.2 锆的性质与用途

锆是元素周期表中第五周期ⅣB副族元素，原子序数为40，原子量为91.224，核外电子排布为2，10，18，10，2，外围电子排布为$4d^2$，$5s^2$。金属锆具有钢灰色，粉状锆有暗灰色。锆的表面易形成一层氧化膜，具有光泽，故外观与钢相似。锆的熔点为1852℃，沸点为4377℃。锆的电阻率为$0.44\mu\Omega \cdot m$。

锆具有耐腐蚀性，不溶于盐酸、硝酸及强碱溶液，但能溶于氢氟酸和王水中；高温时，锆可与非金属元素和许多金属元素反应，生成固体溶液化合物。金属锆是一种强氧化剂，但在室温下是稳定的金属，其稳定性在很大程度上取决于其纯度和表面状态。锆的主要氧化数为+2、+3、+4，常温下锆不活泼，在空气中形成致密氧化膜保持明亮光泽。

正因为锆及其化合物具有独特的优良性能，如耐高温、抗氧化、耐腐蚀、压电性和突出的核能性，在工业中得到广泛的应用。

锆石大量用于高级铸造型砂和冶金窑内衬中，并可作为陶瓷和玻璃工业的添加剂及遮光剂。

二氧化锆是新型陶瓷的主要材料，可用作抗高温氧化的加热材料。二氧化锆可作耐酸搪瓷和玻璃的添加剂，能显著提高玻璃的弹性、化学稳定性及耐热性。二氧化锆可作为耐火材料、钛锆酸铅系列压电陶瓷、图像存储媒体锆钛酸镧铅和氟化锆光纤。

锆化物，如硼化锆、氮化锆、碳化锆等高熔点、高硬度、高耐腐蚀材料应用于相应的工程中。

锆的热中子俘获截面小，有突出的核能性，是发展原子能工业不可缺少的材料，可作原子反应堆堆芯结构材料。工业级锆广泛用于化工机械、医疗设备和军火工业。

锆粉在空气中易燃烧，可作引爆雷管及无烟火药。锆可用于优质钢脱氧去硫的添加剂，也是装甲钢、大炮用钢、不锈钢及耐热钢的组分。

锆还是铝镁合金的变质剂，能细化晶粒。锆在加热时能大量地吸收氧、氢、氮等气体，是理想的吸气剂，如电子管中用锆粉作除气剂，用锆丝和锆片作栅极支架、阳极支架等。粉末状铁与硝酸锆的混合物可作为闪光粉。锆的化学药品可作聚合物的交联剂。

1.3　钛锆资源简介

1.3.1　钛资源简介

钛元素在大陆地壳中的丰度为 0.65%，位于第九位，仅次于氧、硅、铝、铁、钙、钠、钾和镁。因此按储量而论，钛不是一种稀有金属元素，而是一种储量十分丰富的元素，但由于钛的提取困难，仍将其归于稀有难熔金属。全球钛储藏量多，资源分布较广，主要分布在澳大利亚、南非、加拿大、中国和印度等 30 多个国家。钛矿床可划分为岩浆钛矿床（原生矿）和钛砂矿两大类，世界钛资源分布情况见表 1-1，国内钛资源分布见表 1-2。

表 1-1　世界钛资源分布情况

钛资源种类	钛资源分布
原生钛铁矿型钛矿	原生钛铁矿型钛矿主要赋存于基性、超基性侵入岩体中，特点是与磁铁矿伴生，产地集中，储藏量大，可大规模开采；缺点是赋存状态复杂，选矿回收率低，精矿品位低。主要生产国有加拿大、挪威、中国、印度和俄罗斯。加拿大的阿莱德湖赤铁钛铁矿是目前世界上最重要的原生钛矿之一，原矿品位 TiO_2 为 34.3%，Fe 为 36%~40%，V_2O_3 为 0.27%~0.37%。美国纽约州有 4 个钛磁铁矿，目前投入开采的是桑福德山矿，该矿为磁铁钛矿，原矿品位 TiO_2 为 19%，Fe 为 34%，V_2O_3 为 0.45%。南非的布什维尔德矿床储量巨大，矿石储量达 20 亿吨，但该国家矿砂矿资源丰富，所以只回收铁、钒，而未回收钛
原生金红石型钛矿	原生金红石型钛矿赋存于区域变质成因的榴辉岩、片麻岩和片岩中，金红石由钛铁矿等含钛矿物转变而成，产地远比钛铁矿型原生钛矿少，普遍存在品位低、嵌布粒度微细和矿石性质复杂的特点，多为难选矿。主要产地有中国、印度等国家
钛砂矿	砂矿则包括残坡积砂矿、冲积砂矿和滨海砂矿，主要钛矿物是钛铁矿和金红石，多与独居石、锆石、锡石等共生，优点是结构松散，易采，钛矿物大多已自然解离，可选性好、精矿品位高；缺点是资源分散、原矿品位低，主要产于南非、澳大利亚、印度和南美洲的海滨和陆相沉积层中

表 1-2 我国钛资源分布情况

钛矿种类	钛资源分布
原生钛铁矿型钛矿	我国钛矿资源丰富，占世界钛资源的32%，全国20多个省或区有钛矿资源。四川攀枝花和河北承德是我国南北的两大钛生产基地，均为磁铁钛铁矿，以铁为主，钛为伴生矿，并含钒。四川攀西地区（包括攀枝花和凉山州的20余个县）储藏着巨大的钛资源，已探明的钛储量占世界钛资源的四分之一，原矿平均钛品位 TiO_2 为5%；河北承德地区钛储量仅次于攀西地区，主要分布在大庙、黑山等地的基性、超基性岩体中。此外广东兴宁、陕西洋县、甘肃大滩等地均有原生钛铁矿
原生金红石型钛矿	我国已发现原生金红石矿床和矿化点有88处，主要分布于湖北、河南、陕西、江苏、山西及山东等地。湖北省枣阳市大阜山金红石矿品位 TiO_2 为2.32%，金红石呈自形~半自形晶集合体浸染状嵌布于角闪石、石榴石等脉石矿物中，金红石晶形较好，粒度变化大，部分金红石嵌布粒度极微细，可选性较差；山西省代县碾子沟金红石矿，品位 TiO_2 为1.92%，矿石易采、易选，储量丰富，金红石纯度高，杂质少，开发利用条件较好
钛砂矿	国内钛砂矿主要分布在广东、海南、广西等东南沿海省份及西南的四川、云南。海南是我国最大的、最重要的钛矿物的采选和销售市场，其产量占据了国内锆钛产量的90%以上。据不完全统计，海南现有的钛矿采选能力为20万吨/年，但由于开采无序和开采条件等的限制，现在的产能不足50%。目前，国内大量从印度尼西亚、莫桑比克、越南等地进口重选毛砂，从中回收钛铁矿、金红石、锆石、独居石

1.3.2 锆资源简介

锆元素在地壳中丰度为 $123×10^{-6}$，而铪元素在地壳中丰度为 $3.7×10^{-6}$。已知含锆矿物有约30种，最主要的有锆石、斜锆石、异性石和负异性石，但锆的工业矿物只有锆石和斜锆石。锆矿物中以锆石分布最广泛，可见于各种岩浆岩中，但可形成工业矿体的只有碱性岩和砂矿矿床。斜锆石较少见，主要产于南非的碱性岩和碳酸岩矿床，及其风化砂矿中。在自然界铪与锆地球化学性质相近，铪与锆共生而少见单独的铪矿物，通常锆精矿含 HfO_2 达0.5%~2%以上的即可作为单独铪矿开采，含量较低时可作为提取锆的副产品回收。从资源地域分布上来看，世界锆矿资源储量主要掌握在澳大利亚、南非、乌克兰、印度和巴西的手中，五个国家占据了全球86%的锆矿资源，资源垄断十分明显。锆为我国短缺的稀有金属之一。根据美国地质勘探局统计，中国锆矿储量仅50万吨，占世界锆矿资源不足1%。澳大利亚、美国和印度等以海滨砂矿为主；南非矿以斜锆石矿物为主，形成于与碱性岩或超基性岩有关的烧绿石碳酸岩矿床中及其风化后形成的砂矿里，产品质量好，因此是世界锆原料的主要产地。世界锆（铪）资源分布情况见表1-3，我国锆（铪）资源分布情况如表1-4所示。

表 1-3　世界锆（铪）资源分布情况

锆（铪）资源种类	锆（铪）资源分布
锆石型锆矿	锆矿储量地域分布高度集中，锆石型锆矿以海滨砂矿为主，分布高度集中，主要分布在澳大利亚东海岸，一般伴生钛铁矿、金红石和独居石，具有品位低，但粒度均匀，属地表矿，易采易选的特点。除了澳大利亚之外，锆砂矿的其他产地还有印度尼西亚、莫桑比克、越南等
斜锆石型锆矿	斜锆石形成于与碱性岩或超基性岩有关的烧绿石碳酸岩矿床中及其风化后形成的砂矿里，结晶粒度粗，晶形完整，产品质量好，南非是世界斜锆石原料的主要产地

表 1-4　我国锆（铪）资源分布情况

锆（铪）矿种类	锆（铪）资源分布
锆石砂矿	我国锆资源主要分布在广东、海南、广西等东南沿海省份及西南的四川、云南，海南是我国最大的、最重要的锆钛矿物的采选和销售市场，其产量占据了国内锆钛产量的 90%以上。据不完全统计，海南现有的锆钛矿采选能力为 20 万吨/年，但由于开采无序和开采条件等的限制，现在的产能不足 50%。目前，国内大量从印度尼西亚、莫桑比克、越南等地进口重选毛砂，从中分选锆石及回收钛铁矿、金红石、独居石
原生锆矿	我国的原生锆矿主要赋存于碱性花岗岩中，内蒙古巴尔哲稀有金属矿原矿含 ZrO_2 大于 2%，含锆矿物主要为锆石，伴生铌、铍、稀土多种有用元素，但该矿属于极难选矿，待开采和利用。碱性花岗岩为潜在的原生锆资源

1.4　钛锆供需分析

1.4.1　钛供需分析

钛资源近年来越来越受世界各国所重视，一个国家钛资源的产销量反映了该国高端领域的发展程度。钛产业链由钛矿开采、海绵钛生产、熔铸钛锭、钛材成型、钛材应用和废钛回收等环节构成一个循环体系。

2019 年，美日欧等国钛工业受国际经济的影响，钛加工材在航空航天及一般工业领域的需求量有所下降，而俄罗斯钛工业快速增长，全年钛加工材的产量达到 3.4 万吨，同比增长 13.3%，预计全球钛加工材产量将超过 15 万吨，同比有一定的增长。

2019 年，随着钛白市场的连续第三年需求增长，以及国外钛精矿的供应紧张，导致国内钛原料价格连续上涨，进口高品位钛精矿的价格累计上涨了 80

美元/吨左右，国产钛精矿的价格也随之上涨了 150 元/吨左右。2019 年下半年至今，国内钛原料的价格继续保持高位运行，从而也带动了海绵钛和钛材价格的上涨。到 2019 年底，国内 1 级海绵钛的价格同比上涨了 19.4%，并一直保持在高位运行。2019 年由于高端钛市场需求旺盛以及原料价格上涨，国内海绵钛主要生产企业扩建、复产和新建的产能扩张了 47.7%，达到历史高位的 15.8 万吨，但受制于原料供应和市场需求，因此后续产能释放不可能一蹴而就。在钛材消费领域，2019 年比 2018 年国内销售量同比大幅增长了 19.1%。除冶金、制盐和电力等传统行业外，2019 年中国钛加工材在主要中高端消费领域的用钛量均呈现出不同程度的增加，尤其在航空航天、船舶、医疗、海洋工程和化工（PTA）等中高端领域，延续 2018 年的走势，增长迅速。从总量上来看，由于化工（PTA）领域新扩建项目的需求拉动，钛材需求增长幅度最大（9238t），其次是航空航天（2305t）、海洋工程（909t）、船舶（274t）和医疗（210t），因此反映出国家在"十三五"期间的产业重点发展方向以及我国钛加工材在高端领域的发展趋势。2019 年，中国在化工（PTA）、航空航天、船舶、医药和海洋工程等中高端领域的钛加工材需求同比大幅增长，其总量同比增长了 11409t，是近五年来增长幅度最大的一年，同比增长了 19.9%，预计未来 3~5 年内，上述高端领域的需求还将呈快速增长的趋势。

1.4.2 锆供需分析

全球的锆英砂主要产于澳大利亚、南非、肯尼亚、莫桑比克。据分析 2023 年之前锆资源供给量有下降趋势，未来来自南部非洲的锆矿量会大于产自澳大利亚的锆矿，需求增长依赖全球新的锆矿项目启动会促使锆矿的生产能力增加，预计 2025 年后锆矿供给量较充足（TZMI 资料）。据瑞道网的资料全球的锆英砂产量在 150 万吨（以 ZrO_2 为 65% 计），实际产量在 120 万~150 万吨之间。

我国海南省的资源已接近枯竭。仅剩下村舍占地的区域尚存一些，已经不适合开采，实际当地的资源没有产量。海南省的产量基本是进口中矿在海南选出来的精矿。我国进口锆英砂总量大约 65 万吨，占全球总产量的 43.33%。中国是消耗锆资源的大国，几乎占消耗总量的 50%，锆资源 100% 进口，而且有逐年增加的趋势，加之近几年锆矿产量有所减少，拉动锆矿价格一路飙升，目前含 ZrO_2 为 65% 的锆英砂含税价格已达 12500 元/吨。

1.5 钛锆矿床一般工业要求

1.5.1 钛矿床一般工业要求

参考行业标准（DZ/T 0208—2020），钛矿床一般工业要求见表 1-5。

表 1-5　钛矿床一般工业要求

要求	原生矿		砂矿	
	金红石/%	钛铁矿/%	金红石/kg·m⁻³	钛铁矿/kg·m⁻³
边界品位	$TiO_2 \geqslant 2$	$TiO_2 \geqslant 5 \sim 6$	矿物≥1	矿物≥10
工业品位	$TiO_2 \geqslant 3 \sim 4$	$TiO_2 \geqslant 9 \sim 10$	矿物≥2	矿物≥15
可采厚度/m	0.5~1		0.5	0.5~1
夹石剔除厚度/m	0.5~1		剥采比≤4	0.5~1

1.5.2　锆矿床一般工业要求

参考行业标准（DZ/T 0203—2020），锆矿床一般工业要求见表 1-6。

表 1-6　锆矿床一般工业要求

矿床类型	边界品位		最低工业品位		最低可采厚度/m	夹石剔除厚度/m
	ZrO_2/%	锆石/g·cm⁻³	ZrO_2/%	锆石/g·cm⁻³		
海滨砂矿床	0.04~0.06	1~1.5	0.16~0.24	4~6	0.5	
风化壳矿床	0.3		0.8		0.8~1.5	
内生矿床	3.0		8.0		0.8~1.5	≥2.0

1.6　钛锆精矿质量标准

1.6.1　钛精矿质量标准

钛精矿（岩矿）质量标准如表 1-7 所示。该标准适用于经选别供生产钛白粉和钛渣等产品用的钛精矿（岩矿）。分为 TJK47、TJK46、TJK45 三个牌号，用于生产酸溶性高钛渣的钛精矿（岩矿），其氧化钙和氧化镁的合量应不大于 8.0%。钛精矿（岩矿）的水分含量应不大于 1.0%。

表 1-7　钛精矿（岩矿）质量标准（YB/T 4031—2015）

牌号	化学成分（质量分数）/%			
	TiO_2	S	P	Fe_2O_3
	不小于	不大于		
TJK47	47.0	0.18	0.02	7.0
TJK46	46.0	0.25	0.06	8.0
TJK45	45.0	0.35	0.10	9.0

钛铁矿精矿质量标准如表 1-8 所示。本标准用于以含钛原矿为原料，经选矿

富集获得的主要供生产高钛渣、金红石、钛白粉等使用的钛铁矿精矿。产品按化学成分分为 10 个级别。产品中水分含量应不大于 0.5%。产品呈粉状，粒度149~420μm（120~40 目）区间的部分应不小于 75%，粒度小于 74μm（200 目）的部分不能超过 10%。供需双方也可协调。

表 1-8　钛铁矿精矿质量标准（YS/T 351—2015）

产品级别	TiO_2 质量分数（不小于）/%	$TiO_2 + Fe_2O_3 + FeO$ 质量分数（不小于）/%	杂质质量分数（不大于）/%					
			CaO	MgO	P	Fe_2O_3	Al_2O_3	SiO_2
一级	52	94	0.1	0.4	0.030	27	1.5	1.5
二级	50	93	0.3	0.7	0.050	27	1.5	2.0
三级 A	49	92	0.6	0.9	0.050	17	2.0	2.0
三级 B	48	92	0.6	1.4	0.050	17	2.0	2.5
四级	47	90	1.0	1.5	0.050	17	2.0	2.5
五级	46	88	1.0	2.5	0.050	17	2.5	3.0
六级	45	88	1.0	3.5	0.080	17	3.0	4.0
七级	44	88	1.0	4.0	0.080	17	3.5	4.5
八级	42	88	1.5	4.5	0.080	17	4.0	5.0
九级	40	88	1.5	5.5	0.080	17	5.0	6.0

注：U+Th 质量分数不大于 0.015%，Cr_3O_2 质量分数不大于 0.1%，S 含量I类质量分数不大于 0.02%，Ⅱ 质量分数类不大于 0.2%，Ⅲ类质量分数不大于 0.5%，需方有要求时，由供需双方协商并在订货单（或合同）中注明。

1.6.2　锆精矿质量标准

参考行业标准（YS/T 858—2013），锆精矿的品质要求如表 1-9 ~ 表 1-11所示。

表 1-9　化学成分（质量分数）　　　　（%）

品级		$ZrO_2 + HfO_2$	杂质			
			Fe_2O_3	TiO_2	Al_2O_3	SiO_2
I 级品		≥66	≤0.1	≤0.15	≤0.8	≤33
Ⅱ级品	Ⅱ₁	≥65	≤0.2	≤0.3	≤1.0	≤33
	Ⅱ₂	≥65	≤0.2	≤0.8	≤1.5	≤33
Ⅲ级品		≥63	≤0.3	≤1	≤2	≤34
Ⅳ级品		≥60	≤0.5	≤3	≤3	≤35
V 级品		≥55	—	—	—	—

表 1-10　粒度分类

分类	粒级/mm	所占比例/%
粗砂	0.125~0.180	≥75
中砂	0.075~0.150	≥70
细砂	0.037~0.125	≥65
细粉	≤0.045	≥95

表 1-11　水分要求

指标	I 级品	II 级品	III 级品	IV 级品	V 级品
水分 w_B/%	≤0.3	≤0.3	≤0.3	≤0.5	—

注：总放射性比活度 U、Th、Ra 不大于 10%，K 不大于 5%，合计不大于 15%。

2 钛锆矿物种类及性质

2.1 钛矿物种类及性质

2.1.1 钛在矿石中的存在形式和矿物种类

（1）钛在矿石中的主要存在形式。钛是元素周期表中第四副族第四周期元素，电负性小（1.5），表明钛元素在形成化合物时具亲氧倾向，在矿石中一般以简单氧化矿物、复杂氧化矿物和硅酸盐矿物存在。Ti^{3+}（0.069nm）与 Fe^{3+}（0.067nm）、Mn^{3+}（0.070nm）、Nb^{5+}（0.069nm）和 Ta^{5+}（0.068nm）的离子半径相近，可形成完全或不完全的类质同象替代，因此钛矿物种类繁多。

（2）钛矿物种类。地壳中含钛1%以上的矿物有80多种，但具有工业价值的只有少数几种矿物，主要是金红石和钛铁矿，其次是白钛石、锐钛矿。常见的钛矿物见表2-1。

表 2-1　钛矿物类型和种类

矿物类型	矿物种类	化学式	TiO_2 的理论含量/%
氧化物	金红石	TiO_2	100
	锐钛矿	TiO_2	100
	铌铁金红石	$(Ti, Nb, Ta, Fe)O_2$	含量变化
	钽铁金红石	$(Ti, Ta, Nb, Fe)O_2$	含量变化
	板钛矿	TiO_2	100
	镁钛矿	$(MgFe)TiO_3$	63.77
	钛铁矿	$FeTiO_3$	52.66
	红钛锰矿	$MnTiO_3$	50.49
	钛铁晶石	Fe_2TiO_4	18.41
	镁铁钛矿	$(Mg, Fe)TiO_6$	71.1~75.6
	黑钛铁钠石	$NaFeTi_3O_8$	63.62
	铈铀钛铁矿	$Fe_5LaFe_2Ti_{12}O_{35}$	52.7
	铅锰钛铁矿	$(Pb, Mn)MnFe_2Fe_2Ti_4O_{16}$	40.92
	尖钛铁矿	$Fe_2Fe_2Ti_8O_{21}$	67.83
	贝塔石	$(Ca, U)_{2-x}(Ti, Nb)_2O_{6-x}(OH)_{1+x}$	11.2~34.2
	钙钛矿	$CaTiO_3$	58.76
	羟钙钛矿	$CaTi_2O_4(OH)_2$	68.33

矿物类型	矿物种类	化学式	TiO_2 的理论含量/%
氧化物	锆钙钛矿	$Ca_3(Ti, Al, Zr)_9O_{20}$	48.25
	钙锆钛矿	$Ca_2ZrZr_4Ti_{12}O_{16}$	16.64
	钙钛锆石	$Ca_2ZrTi_2O_7$	47.13
	兰道矿	$(Zn, Mn, Fe)(Ti, Fe)_3O_7$	73.46
	黑钛铌矿	$(Na, Y, Er)_4(Zn, Fe)_3(Ti, Nb)_6O_{18}(F, OH)$	37.87
	等轴钙锆钛矿	$(Zr, Ca, Ti)O_2$	2.42, Ti_2O_3: 11.65
	白钛石		含量变化
硅酸盐	榍石	$CaTi[SiO_4]O$	40.80
	硅钠钡钛石	$NaBa[Fe^{2+}Ti_2(Si_2O_7)_2OH]$	24.05
	硅钛铁钡石	$Ba\ Fe^{2+}[Ti_2(Si_6O_{15})(OH)_8]$	19.20
	短柱石	$Na[Ti(Si_4O_{10})O]$	22.28
	硅钛铌钠矿-水硅铌钛矿	$(NaCa)[(NbTi)(Si_2O_7)] \cdot 2H_2O$	9.69~24.19
	磷硅钛钠石	$(Na_3PO_4)\{(NaMnTi)[Ti_2(Si_2O_7)](OH)_4\}$	24.43
	硅钛钠钡石(英奈利石)	$Ba_4\{Na_2CaTi[Ti_2(Si_2O_7)_2O_4]\}[SO_4]_2$	17.50
	硅钛锰钡石	$Ba_4\{Mn_2Ti[Ti_2(Si_2O_7)_2O_4(OH)]\}[PO_4][SO_4]$	17.00
	硅钛锂钙石	$KCa_8Li_2(Ti, Zr)_2(Si_2O_{37}F)$	9.55
	蓝锥石	$BaTi[Si_3O_9]$	19.32
硫化物	硫钛铁矿	$(Fe, Cr^{2+})_{1+x}(Ti, Fe^{3+})_2S_4$	Ti: 28.5
氮化物	陨氮钛矿	TiN	Ti: 77.38

2.1.2　主要钛矿物的晶体化学和物理化学性质

2.1.2.1　金红石 TiO_2

（1）晶体化学性质：金红石属四方晶系晶体，晶体结构是 AX_2 型化合物的典型结构之一。O 离子作为六方最密堆积，Ti 离子位于相似规则的八面体空隙中，配位数为 6；O 离子位于以 Ti 离子为角顶所组成的平面三角形的中心，配位数为 3。这样就形成了一种以 [TiO_6] 八面体为基础的晶体结构（图 2-1）。[TiO_6] 八面体彼此以棱相连形成了沿 c 轴方向延伸的比较稳定的 [TiO_6] 八面体链，链间则是以 [TiO_6] 八面体的共用角顶相联结。[TiO_6] 的共用棱 O—O = 0.246nm，非共用棱 O—O = 0.295~0.278nm；而对于未扭曲的正常的 [TiO_6] 八面体而言，O—O = 0.277nm。共用棱的缩短，非共用棱的增长，系由于中心阳离子斥力的影响所致，从而使八面体稍有畸变。这一结构特征可以明显地解释金红石沿 c 轴伸长的柱状或针状晶形和平行伸长方向的解理。TiO_2 的三种变体金红石、板钛矿和锐钛矿的晶体结构都是以 [TiO_6] 八面体共棱为基础的，但每个 [TiO_6] 八面体与其他 [TiO_6] 八面体共棱的数目在金红石中为 2，在板钛矿中为 3，在锐钛矿中为 4。配位多面体共棱或共面使中心阳离子间距缩短，降低了晶体结构的稳定性。从多种 AX_2 型化合物具金红石型结构，以及自然界中金红石分布较广，而锐钛矿比较少见，也正说明了由金红石、板钛矿至锐钛矿，结构的稳定性是递减的。

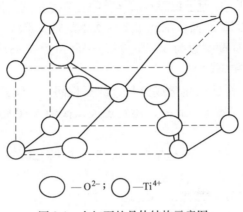

$\bigcirc$ —O^{2-}；$\bigcirc$ —Ti^{4+}

图 2-1　金红石的晶体结构示意图

（2）化学性质：金红石理论化学成分：TiO_2 为 100%，一般 TiO_2 含量在 95%以上，常含有 Fe、Nb、Ta、Sn 等混合物，有时含 Cr 或 V，富含铁的黑色变种称铁金红石，富含 Nb、Ta 的变种（常含 Fe），Nb>Ta 者称铌铁金红石，Nb<Ta 者称钽铁金红石。

（3）物理性质：金红石常具完好的四方柱或针状晶形，集合体呈粒状或致密块状，颜色红棕色、红色、黄色或黑色，条痕浅棕色至浅黄色，金刚光泽至半金属光泽，透明至不透明。铁金红石和铌铁（钽）金红石均为黑色，不透明。密度 $4.4 \sim 5.6 g/cm^3$，富铁或铌、钽者密度增大，摩氏硬度 $6 \sim 6.5$。一般无磁性，铁金红石具极弱磁性。

（4）光学性质：薄片中黄至红褐色，一轴晶（正光性）。$N_o = 2.605 \sim 2.613$，$N_e = 2.699 \sim 2.901$，多色性弱至清楚，N_o：黄色至褐色，N_e：暗红至暗褐色。铌铁金红石多色性显著，N_o：黄绿、红褐色，N_e：暗褐绿色、褐黑色，钽铁金红石 N_o：灰、黄、棕色，N_e：绿、红棕色。在反射光下光片中金红石呈灰色，有时微具淡蓝色调，内反射浅黄到褐红色，铌铁金红石和钽铁金红石的反射色和内反射较一般金红石为暗。

（5）成因产状：形成于高温条件下，主要产于变质岩系的含金红石榴辉岩中和片麻岩中；此外，在火成岩（特别是花岗岩）中作为副矿物出现。金红石由于其化学稳定性大，在岩石风化后常转入砂矿，常见于海滨砂矿或河砂中。

2.1.2.2　锐钛矿 TiO_2

（1）晶体化学性质：锐钛矿与金红石、板钛矿为同质多象，即成分与金红石、板钛矿相同，而晶体结构不同。锐钛矿属四方晶系，晶体结构近似架状，O离子作立方最密堆积，Ti原子位于八面体空隙。[TiO_6]八面体互相以两对相向的棱共用而联结，[TiO_6]八面体围绕每个四次螺旋轴，形成平行于 c 轴的螺旋状链。Ti配位数为6，O配位数为3。Ti—O原子间距为1.937Å和1.964Å，O—O原子间距为2.802Å和3.040Å。

（2）化学性质：锐钛矿化学成分与金红石相同，化学式为 TiO_2，类质同象替代有Fe、Sn、Nb、Ta等。此外，还发现锐钛矿中含Y族为主的稀土元素及U、Th。

（3）物理性质：晶形一般呈锥状、板状、柱状。颜色褐、黄、浅绿蓝、浅紫、灰黑色，偶见近于无色。条痕无色至淡黄色；金刚光泽；解理完全；摩氏硬度5.5~6.5。密度3.82~3.976g/cm^3。

（4）光学性质：薄片中呈不同的颜色，主要有褐、黄、浅绿蓝、浅紫、灰黑，偶见近于无色。一轴晶（负光性），有时为光轴角小的二轴晶。折射率很高且有明显变化，如黄色晶体 N_o = 2.501，而灰色晶体，N_o = 2.556，多色性弱，深色晶体多色性较强，强酒黄色晶体，N_o：暗酒黄色，N_e：浅红淡褐色。在反射光下光片中锐钛矿呈灰色，内反射明显，灰带蓝色，无双反射及反射多色性，反射率比闪锌矿略高。

（5）成因产状：锐钛矿较不稳定，在915℃下转变为金红石，形成条件与金红石类似。产于火成岩及变质岩内的矿脉中，一般还出现于砂矿床中，呈坚硬、闪亮的正方晶系晶体，并具有不同的颜色。锐钛矿也产于变质的热水沉积岩中，内蒙古正蓝旗羊蹄子山-磨石山一带的钛矿床是近几年国内所发现的新型钛矿床，羊蹄子山矿带为热液改造型富钛矿床，磨石山矿带为沉积变质型富钛矿床。这两个矿带的主要有用矿物为锐钛矿、金红石及钛铁矿。许多锐钛矿是由榍石风化形成的，而且它本身可蚀变为金红石。交代锐钛矿形成的金红石，具有锐钛矿的假象，这种金红石在巴西和乌拉山的碎屑矿床中是很普遍的。在锡石硫化矿中，常见锐钛矿与锡石共生。

2.1.2.3　板钛矿 TiO_2

（1）晶体化学性质：板钛矿属斜方晶系，在板钛矿晶体结构中，O形成歪曲的四层最紧密堆积，层平行（100）晶面，Ti在八面体空隙中，每个[TiO_6]八面体有三个棱角同周围三个[TiO_6]八面体共用，这些共用的棱角比其他棱角要短些，Ti微偏离八面体中心，形成歪曲的八面体。[TiO_6]八面体平行 c 轴组成锯齿形链，链与链平行（100）联结成层。

（2）化学性质：板钛矿的分子式也与金红石相同，化学式为 TiO_2，仅以板状晶体与金红石、锐钛矿相区别。成分中 Ti 可被 Fe^{3+}、Nb^{5+}、Ta^{5+}代替。富含 Fe 者称铁板钛矿，富含 Nb 者称铌板钛矿。

（3）物理性质：板钛矿晶体呈板状、叶片状。颜色淡黄、褐到黑色。条痕浅黄色、浅灰至褐色，透明或半透明，金刚光泽或半金属光泽。摩氏硬度 5.6~6，密度 $3.9~4.1g/cm^3$。

（4）光学性质：薄片中呈淡黄褐色、金黄褐色或淡红褐色，具异常干涉色，很高的突起。二轴晶（正光性），平行消光。折射率很高，$N_p = 2.583$，$N_m = 2.584~2.586$，$N_g = 2.700~2.741$，$N_g-N_p = 0.117~0.156$，多色性弱，N_g：亮黄色、浅绿褐色，N_m：亮黄色、橙黄褐色，N_p：无色、橄榄色、黄褐色。在反射光下光片中板钛矿呈灰色，可根据较暗的颜色分出特有的生长锥。

（5）成因产状：板钛矿是热液矿物，与石英、钠长石、榍石、金红石、锐钛矿等共生，比金红石形成晚，比锐钛矿形成早。板钛矿在自然条件下稳定，在砂矿中可见。

2.1.2.4 钛铁矿 $FeTiO_3$

（1）晶体化学性质：钛铁矿属三方晶系的氧化物矿物，晶体结构与刚玉和赤铁矿相似，O 离子作为六方最密堆积，堆积层垂直于三次轴，Fe^{2+} 或 Ti^{4+} 充填于由 O^{2-} 形成的八面体空隙数的 2/3，$(Fe,Ti)O_6$ 八面体以棱连接成层，铁八面体和钛八面体相间相列（如图 2-2）。高温下钛铁矿中的 Fe、Ti 呈无序分布而具赤铁矿结构（即刚玉型结构），故形成 $FeTiO_3$—Fe_2O_3 固溶体，在 950℃以上钛铁矿与赤铁矿形成完全类质同象。当温度降低时，即发生熔离，故钛铁矿中常含有细小鳞片状赤铁矿包体。

（2）化学性质：钛铁矿理论化学成分：TiO_2 为 52.66%，FeO 为 47.34%。常含类质同象混入物 Mg 和 Mn，钛铁矿中常含有细鳞片状赤铁矿包体，但仅能形成有限的类质同象 $Fe_2O_3 < 6\%$。

（3）物理性质：钛铁矿颜色为铁黑色或钢灰色。条痕为钢灰色或黑色。含赤铁矿包体时呈褐色或带褐的黑色。金属-半金属光泽。不透明，无解理。摩氏硬度 5~6.5，密度 $4~5g/cm^3$，密度随成分中 MgO 含量的降低及 FeO 含量增高而增大，弱磁性。

（4）光学性质：薄片中不透明或微透明。一轴晶（负光性）。在反射光下光片中钛铁矿呈灰色，带浅棕至暗棕色调，微弱多色性，反射率 $R_0 = 19.6~20.2$，双反射明显，内反射不明显，有时呈暗棕色，非均质性显著。常见叶片状双晶及赤铁矿、磁铁矿、金红石等包体。

图 2-2　钛铁矿晶体结构示意图

（5）成因产状：钛铁矿主要出现在超基性岩、基性岩、碱性岩、酸性岩及变质岩中。我国攀枝花钒钛磁铁矿床中，钛铁矿呈粒状或片状分布于钛磁铁矿等矿物颗粒之间，或沿钛磁铁矿裂开面成定向片晶。在伟晶岩中钛铁矿常作为副矿物，与微斜长石、白云母、石英、磁铁矿等共生，钛铁矿往往在碱性岩中富集。由于其化学性质稳定，故可形成冲积砂矿，与磁铁矿、金红石、锆石、独居石等共生。

2.2　锆矿物种类及性质

2.2.1　锆铪矿物种类

（1）锆、铪之间的类质同象。锆、铪与钛一样，同是元素周期表中第四副族元素，铪的原子序数比锆大，锆处于第五周期，铪处于第六周期。锆的地壳丰度为 123×10^{-6}，Zr^{4+} 离子半径为 0.87nm，相对电负性为 1.6；铪的地壳丰度为 3.7×10^{-6}，Hf^{4+} 离子半径为 0.84nm，相对电负性为 1.3。两元素的丰度差距大，地球化学性质相近，因此，矿石中铪往往以类质同象的形式进入锆石晶格，只在特殊的地质条件下形成独立铪矿物——铪石，铪石极为罕见，并产地稀少。

（2）锆、铪矿物种类。锆、铪元素为亲氧元素，自然界形成的矿物主要为硅酸盐矿物和氧化物。地壳中含锆、铪的矿物有 80 多种，但世界具有工业开采及应用价值的锆矿物主要是锆石（$ZrSiO_4$）和斜锆石（ZrO_2），近年来有报道将异性石作为重要的锆原料。矿石中常见的锆铪矿物见表2-2。

表 2-2 主要锆、铪矿物类型和种类

矿物类型	矿物种类	化学式	$(ZrHf)O_2$ 含量/%
氧化物	斜锆石	ZrO_2	100
	钙锆钛矿	$CaZr_4TiO_9$	73.11
	钙钛锆石	$Ca_2ZrTi_2O_7$	36.34
硅酸盐	锆石	$Zr[SiO_4]$	67.10
	铪石	$Hf[SiO_4]$	65.99
	钠锆石-钙锆石	$(Na_2Ca)[Zr(Si_3O_9)]\cdot 2H_2O$	29.93
	三水钠锆石	$Na_2[Zr(Si_3O_9)]\cdot 3H_2O$	29.72
	斜方钠锆石	$Na_2[Zr(Si_3O_9)]\cdot 2H_2O$	30.21
	斜钠锆石	$Na_2[Zr(Si_6O_{15})]\cdot 3H_2O$	20.48
	水钠锆石	$Na_2Ca[Zr(Si_4O_{10})]_2\cdot 8H_2O$	25.78
	水硅钙锆石	$CaZrSi_6O_{15}\cdot 2.5H_2O$	21.10
	异性石	$Na_{12}Ca_6Fe_3Zr_3[Si_3O_9][Si_9O_{24}(OH)_3]_2$	11.84~16.88
	变异性石	$Na_{12}Ca_6Fe_3Zr_3[Si_3O_9][Si_9O_{24}(OH)_3]_2$	12.66
	硅锆钙钠石	$Na_6CaZr[Si_3O_9]_2$	16.63
钛酸盐	水钛锆石	$Zr_3Ti_2O_{10}\cdot 2H_2O$	65.40

2.2.2 主要锆矿物的晶体化学和物理化学性质

2.2.2.1 锆石 $(Zr, Hf)[SiO_4]$

（1）晶体化学性质：锆石的晶体属四方晶系，$a_0 = 0.662nm$，$c_0 = 0.602nm$；$Z = 4$。结构中 Zr 与 Si 沿 c 轴相间排列成四方体心晶胞。晶体结构可视为由 $[SiO_4]$ 四面体和 $[ZrO_8]$ 三角十二面体联结而成。$[ZrO_8]$ 三角十二面体在 b 轴方向以共棱方式紧密连接。原子间距 Si-O(4) = 1.62Å，Zr-O(8) = 2.15Å 和 Zr-O(4) = 2.29(4)Å。

（2）化学性质：锆石理论组成 ZrO_2 为 67.1%，SiO_2 为 32.9%。锆石中铪的类质同象替代最为普遍，在不同的类型岩石产出的锆石中，锆与铪 M（ZrO_2/HfO_2）比值不同：产出于碱性岩中的锆石，其中 ZrO_2/HfO_2 最大，最富含锆；从基性岩-酸性岩 ZrO_2/HfO_2 依次递减，酸性岩 ZrO_2/HfO_2 比值最小，即酸性岩产出的锆石相对富铪，而产于花岗伟晶岩的锆石最富铪。此外，锆石有时含有 MnO、CaO、MgO、Fe_2O_3、Al_2O_3、REO、ThO_2、U_3O_8、TiO_2、P_2O_5、Nb_2O_5、Ta_2O_5、H_2O 等混入物。H_2O、REO、U_3O_8、$(Nb,Ta)_2O_5$、P_2O_5、HfO_2 等杂质含量较高，而 ZrO_2、SiO_2 含量相应较低时，其物理性质也发生变化，硬度和相对密度降低，且常变为非晶态。按其结晶程度可分为高型和低型两个变种。结晶完整的晶体多为"高型"；晶体极差或非晶态者为"低型"。含杂质不同的锆石因而形成多种变种：山口石，REO 为 10.93%，P_2O_5 为 17.7%；大山石，REO 为 5.3%，P_2O_5 为 7.6%；苗木石，REO 为 9.12%，$(Nb, Ta)_2O_5$ 为 7.69%，含 U、Th 较高；曲晶石，含较高 REO 和 U_3O_8，因晶面弯曲而故名；水锆石，含 H_2O 为 3% ~ 10%；铍锆石，BeO 为 14.37%，HfO_2 为 6.0%；富铪锆石，HfO_2 可达 24.0%。

（3）物理性质：锆石颜色多数为无色透明，但也有不同的颜色的锆石，如红、黄、橙、褐、绿等。晶体呈短柱状，通常为四方柱、四方双锥或复四方双锥的聚形，颜色和形状都很丰富，晶洞中有时可见锆石晶簇。形成条件的不同，晶体形态不同：如碱性火成岩中的锆石四方双锥发育呈双锥状；酸性火成岩中的锆石柱面和锥面均发育，呈柱状；中性火成岩中的锆石柱面发育，并有复四方双锥出现，故锆石的晶形可作标型特征。玻璃光泽，断口油脂光泽，不平坦断口或贝壳状断口。摩氏硬度 7.5 ~ 8，密度 4.4 ~ 4.8g/cm^3，无磁性，非导体。X 射线照射下发黄色，阴极射线下发弱的黄色光，紫外线下发明亮的橙黄色光。

（4）光学性质：薄片中无色至淡黄色，色散强，折射率大；$N_o = 1.91$ ~ 1.96，$N_e = 1.957$ ~ 2.04；均质体折射率降低，$N = 1.60$ ~ 1.83。熔点 2340 ~ 2550℃，氧化条件下，在 1300 ~ 1500℃ 稳定，1550 ~ 1750℃ 分解，生成 ZrO_2 和 SiO_2。线性热膨胀系数 5.0×10^{-6}/℃（200 ~ 1000℃），且耐热震动、稳定性良好。

（5）成因产状：锆石在各种火成岩中作为副矿物产出，尤其是酸性火成岩中比较普遍；在碱性岩和碱性伟晶岩中可富集成矿，著名的产地有挪威南部和俄罗斯乌拉尔，我国内蒙古巴尔哲稀有金属矿锆石的含量达到 2% 以上，但锆石的品质较差，含铁等杂质。在表生环境中锆石极稳定，因而常次生富集于海滨砂矿或河流砂矿中，这些锆石含杂质少，粒度均匀，易于分选富集，为高品质锆石的主要来源。

2.2.2.2   斜锆石 ZrO_2

（1）晶体化学性质：斜锆石也被称作巴西石，是一种氧化锆矿物，属单斜晶系晶体，晶体结构较为复杂，每个锆原子位于七个氧原子之间，氧原子有两种状态：其一，氧原子接近于单体晶胞（100）上，它们与位于三角形角顶的三个锆原子连接；其二，氧原子接近于通过晶胞中心平行（100）的 PP′平面上，它们与位于四面体角顶的四个锆原子连接。整个锆石的结构可看成是两种状态的氧与锆结合的原子层沿 {100} 交替排列而成。Zr-O 原子间距对三角形是 2.04Å，2.10Å，2.15Å；对四面体是 2.16Å，2.18Å，2.26Å，2.28Å。

（2）化学性质：斜锆石的理论化学成分 Zr 为 74.1%，O 为 25.9%，Zr 经常被 Hf 类质同象替代，除 HfO_2、Fe_2O_3、Sc_2O_3 之外，混入物还有 Na_2O、K_2O、MgO、MnO、Al_2O_3、SiO_2、TiO_2 等，有时也含 Nb、Ta、稀土等微量组分。

（3）物理性质：晶体为板状，晶体集合体为不规则的块状。常为无色、白色、黄、褐、黑等色。油脂或玻璃光泽，黑色斜锆石呈半金属光泽。摩氏硬度6.5，密度 $5.4 \sim 6.0 g/cm^3$。矿块不溶于酸，细粉末能缓慢地溶于浓硫酸，在酸性硫酸钾里加热分解。

（4）光学性质：折射率 $N_o = 2.20$，$N_m = 2.19$，$N_p = 2.13$；重折率 0.07；二轴晶负光性，$2V = 30°$；多色性明显。

（5）成因产状：主要产于与碱性或超基性岩、基性岩有关的烧绿石碳酸岩矿床中及其风化后形成的砂矿中。

3 钛锆矿石类型及选矿工艺

钛锆选矿工艺取决于矿石类型、矿石性质及矿物组成等因素。原生钛矿石性质比较接近，目的矿物比较简单，采用的选矿工艺有共性。砂矿的目的矿物组成比较复杂，往往含有钛铁矿、锆石、金红石、独居石、磷钇矿、锡石等多种有用矿物，精选分离流程相对比较复杂。

近年来，借助现代的检测手段，采用高效的重选、磁选、电选设备、新的浮选药剂，钛锆选矿技术有了长足发展，简化了工艺流程，提高了选矿技术经济指标。

3.1 钛锆砂矿及选矿工艺

世界上大多数国家钛锆砂矿生产厂为采选联合企业，先大规模开采砂矿，然后综合回收锆石和钛铁矿、独居石、金红石等多种有用矿物。虽然各选矿厂一般都采用重选、磁选、电选和浮选等联合选矿流程，但也有各自的特色。如澳大利亚精选厂采用多段选别，不同选别作业使用不同系列的设备。在锆石精选作业中给料经一次提升到六辊电选机后，导体和非导体分别自流到两台重叠配置的板式和筛板式电选机，自上而下经 13 段选别，一次选出合格的锆精矿。厂房紧凑，仪表集中。年产几十万吨产品的精选厂，每班操作人员仅 1~2 人。

我国从 20 世纪 60 年代开始生产锆石精矿。主要生产厂家有广东的水东选矿厂、甲子锆矿选矿厂、南山海稀土矿选矿厂、湛江选矿厂、徐闻选矿厂，海南的乌场钛矿选矿厂、清澜选矿厂、南港钛矿选矿厂，广西的北海选矿厂、钦州地区选矿厂、陆川选矿厂、博白选矿厂、南宁新青选矿厂以及山东的石岛选矿厂等。早在 1982 年，海南的乌场钛矿选矿厂生产规模为 1500t/d，采用斗轮挖掘干采、皮带运输机运输、圆锥选矿机和螺旋溜槽为主体选别（粗选）设备的采选新工艺。投产后，锆、钛粗精矿产量增加 30%，成本降低了 40%左右。我国大多数选矿厂也都采用重选、磁选、电选（或浮选）联合流程从海滨砂矿选钛尾矿中选出锆石，一般只能生产三、四级（ZrO_2 60%~63%）锆石精矿产品。

钛锆矿物的密度与其共生的大量脉石矿物（如长石和石英）的密度差很大，可以用重选方法将钛锆矿物与脉石矿物分离开。锆石和斜锆石为非磁性矿物，可用磁选将锆石和斜锆石矿物与磁铁矿、钛铁矿和独居石等磁性矿物分离开。锆石和斜锆石为非导体矿物，而金红石的导电性较好，可在精选作业中用静电选方法分离锆石和金红石。锆石和斜锆石表面具有很好的可浮性，采用浮选方法可以将锆石与金红石、锡石、铌钽铁矿等分离开。因此，可以采用重选—磁选—电选—浮选联合流程处理钛锆矿石，即在粗选作业中采用处理能力大的重选方法，分离出产率高于90%的脉石矿物。在精选作业中，用磁选、电选和浮选方法将锆石和斜锆石矿物与其他重矿物（如钛铁矿、磁铁矿、铌钽铁矿、金红石、锡石和稀土矿物）分离开，从而得到合格的钛精矿和锆精矿。

对于海滨砂矿中的钛锆，由于砂矿中的重矿物一般含量较低，首先采用处理能力大的设备进行粗选，如大型跳汰机、圆锥选矿机和螺旋选矿机、扇形溜槽等。它们需随采场的推进而搬迁，因此除了安装在采砂船上外，必须考虑到设备的拆装方便。对于经过粗选得到的重砂粗精矿，可送到精选车间或中心精选厂处理。精选厂中安装有重选、磁选、浮选以及电选等设备。将各种有用矿物分别分离出来成为最终精矿，达到综合回收的目的。目前，钛锆砂矿的选矿工艺主要有如下几种类型。

3.1.1 重选—磁选联合工艺

采出的砂矿原矿，一般先用筛子筛除砾石、贝壳等不含矿的粗砂直接丢弃，然后用重选法丢弃大量尾矿，得粗精矿，粗精矿经弱磁选除铁矿后，再经强磁选选别获得钛铁矿精矿及锆石精矿。该工艺适合于重矿物组成比较简单、不含金红石的矿石。重选—磁选方案的原则流程如图3-1所示。

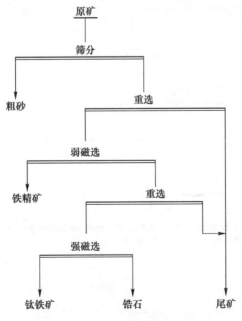

图 3-1 重选—磁选原则流程

　　某含低品位锆石的海滨砂矿，含 ZrO_2 为 0.032%。矿砂松散、细小，一般在 0.20~0.70mm，部分锆石更细，分布在 -0.074mm 粒级中。原矿中主要有用矿物有锆石、钛铁矿、磁铁矿、独居石，主要脉石矿物有石英、长石、角闪石、云母等。经过重选—磁选联合流程选别，可获得铁品位为 64.47% 的磁铁矿精矿，作业回收率为 18.98%，含 TiO_2 为 19.61% 的钛铁矿半成品，含 ZrO_2 为 57.95% 的锆石精矿。

3.1.2　重选—磁选—电选联合工艺

　　国内外海滨砂矿精选厂所处理的重选混合粗精矿，含有钛铁矿、独居石、金红石、锆石等矿物。其中以钛铁矿的磁性较强，独居石次之，金红石和锆石都是非磁性矿物。但金红石的导电性比锆石好，因此精选这类粗精矿时，可采用重选—磁选—电选联合流程（见图 3-2），该工艺仍然是目前国内外采用最广泛的常规选锆流程。当选别含有钛铁矿、独居石、金红石、锆石等有用矿物的海滨砂矿时，一般都先用圆锥选矿机和螺旋溜槽等重选设备丢弃大量的石英等脉石，然后用磁选和电选分别产出钛铁矿、独居石和金红石，其尾矿可用摇床除去在粗选时未被分选出的石英、电气石、石榴石等脉石矿物，再经强磁选和电选多次精选，得到锆石精矿，含 ZrO_2 可达 60%~63%，有时可达 65%。

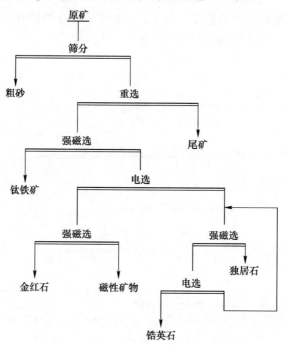

图 3-2　重选—磁选—电选原则流程

广东水东选矿厂是国内精选海滨砂矿最早的厂家之一，该厂采用强磁选—电选精选流程选别锆石。从 20 世纪 80 年代起，该厂先后试验和生产出含 ZrO_2 为 65%~66%、含 TiO_2 和 Fe_2O_3 均为 0.12%~0.16% 的优质锆精矿，产率为 50% 左右，成为我国首家提供彩色显像管玻屏所需的锆石粉原料厂家。为保征和提高产品质量，该厂在生产实践中随时根据原料性质的变化，灵活地调整图中的流程结构，主要是增加强磁选和电选次数以及强化电选工艺条件等。

湛江选矿厂于 1990 年用含 ZrO_2 为 63% 的锆石精矿作原料，经三次以上反复电选和强磁选的试验，结果得到含 ZrO_2 为 65.8% 的优质锆石精矿，但产率和生产能力都比较低。为适应目前仍广泛采用的磁选—电选常规流程的需要，我国已研制出一种新型电选机，即 SDX 型筛板式电选机。与普通电选机相比，其主要不同点在于它具有 10 个能产生发散静电场的椭圆形大电极（正极）和 10 组接地弧板和筛板，无需传动机构，工作电压可达 40kV。它主要适用于从非导体矿物中分选出夹带的导体矿物，能选出高品位的非导体矿物。如作锆石精选，当给矿含 ZrO_2 为 64.5% 和 TiO_2 为 0.28% 时，获得的锆石精矿含 ZrO_2 为 65.2%，而 TiO_2 含量降至 0.06%。目前，海南、广东和广西的一些选矿厂使用这种筛板式电选机精选锆石。

3.1.3 重选—浮选联合工艺

锆石属正硅酸盐类矿物，零电点 pH 值为 5~6.05（在个别情况 pH 值为 2.5），采用阴离子和阳离子捕收剂，锆石均相当好浮造。当采用胺类捕收剂在酸性 pH 值范围内，锆石会被硫酸盐、磷酸盐和草酸盐的阴离子活化；当采用油酸钠在碱性 pH 值范围内浮选时，锆石会被铁离子活化。水玻璃可作锆石浮选的调整剂，当用阴离子捕收剂而水玻璃浓度较低（0.1kg/t）时，水玻璃是脉石的有效抑制剂，并对锆石有轻微的活化作用，但当浓度较高时（1.0kg/t），它对锆石浮选起抑制作用，当采用混合（阴、阳离子）捕收剂时，在酸性 pH 值的条件下，氟硅酸钠可作锆石的抑制剂。

在澳大利亚的 Byron Boy，锆石金红石公司采用泡沫浮选法从分离海滨砂矿所获的非磁性产物中分选出锆石。此法是先将这些非磁性产物调成 30% 固体浓度的矿浆，在碱性条件下，用等量的油酸和硬脂酸混合物预先处理 20min，然后在室温下用水冲洗三次，酸冲洗一次。最后在 pH 值为 1.9 的强酸性条件下用桉树油浮选，可获得大于 95% 的回收率和含锆石 95% 的精矿产品。

苏联早期最好的浮锆方法是：含锆石产品在含 0.5% 肥皂和 0.025%NaOH 溶液中加热至 95℃，调和后用清水洗涤四次，最后用 0.24%H_2SO_4 溶液洗涤一次，在 pH 值为 1.2 的条件下，浮选可得到含 98% 锆石的精矿，回收率达 99%。近几年，又用氧肟酸作捕收剂浮选锆石。

由于锆石很容易被油酸等脂肪酸类捕收剂浮起，故一般回收率都很高，但精矿质量不够好。目前多用煤油作捕收剂，肥皂作辅助捕收剂浮选锆石，选别指标有所提高。广西钦州地区矿产公司选矿厂、广东海康选矿厂等都用此法生产含 ZrO_2 60% ~ 63% 的锆石精矿，回收率可达 70% 左右。

采用传统浮锆工艺一般只能生产出低品级锆精矿产品。而且，使用脂肪酸类药剂浮锆时矿浆需加温。更重要的是，在含有 Ca^{2+}、Mg^{2+} 及其他重金属离子的水介质中，使用脂肪酸或煤油作捕收剂，碳酸钠做调整剂浮锆，会生成脂肪酸钙和脂肪酸镁凝聚状沉淀，并黏附在锆石表面，使其呈疏水性；煤油是非极性物质，作为捕收剂也吸附在锆石表面上，难以洗脱。这不仅造成金属流失，而且也影响产品销售。为此，专家们研究了各种锆精矿的脱药方法，包括焙烧法和擦洗法，脱药效果前者优于后者。

3.1.4　重选—磁选—浮选联合工艺

含钽铌矿的重选混合精矿中，通常含有锆石、钛（磁）铁矿、独居石、褐钇铌矿及其他钽铌矿物。钽铌矿物的磁性与独居石、钛铁矿的相近，在精选分离这些矿物时，仅采用磁选不能完全达到目的。必须与浮选相配合，独居石、锆石可采用 Na_2CO_3、Na_2SiO_3、油酸钠作浮选药剂进行浮选分离。

图 3-3 所示为某厂含钽铌矿物的重选混合精矿的磁选—浮选流程。分选指标如下：锆石精矿品位 ZrO_2 为 59.83%、回收率为 88.49%，钽铌精矿品位 $(Nb，Ta)_2O_5$ 为 30.74%、回收率为 61.74%；钽铌中矿品位 $(Nb，Ta)_2O_5$ 为 5.94%、回收率为 4.92%；独居石精矿品位 TR_2O_3 为 60.94%、回收率为 65.43%，钛铁矿精矿品位 TiO_2 为 43.24%、回收率为 91.45%。通过精选加工的锆石精矿，还要经过粉碎或超细粉磨等方能得到各种不同规格要求的产品。国内开发利用、精选加工的锆石矿主要有山东荣成锆矿、广东省陆丰市的甲子、海南省万宁市的乌场及天利等地的海滨砂矿。

3.1.5　筛分—重选—磁选联合工艺

某海滨砂矿的原矿样主要化学元素分析结果见表 3-1，原矿筛分分析结果见表 3-2，原矿矿物组成及含量见表 3-3。原矿样中钛锆矿物含量较低，而石英含量达到了 99.5% 左右。粗颗粒和细颗粒含杂质较多，中间粒级含杂质较少，杂质矿物主要包括高岭石、白钛石、蓝晶石、锆石、铁锈和水铝石等。原矿中满足光伏玻璃粒级（-0.8+0.1mm）要求的物料占有率约占 76%。因此，本矿石回收的目的矿物为石英，钛锆矿物可综合回收。

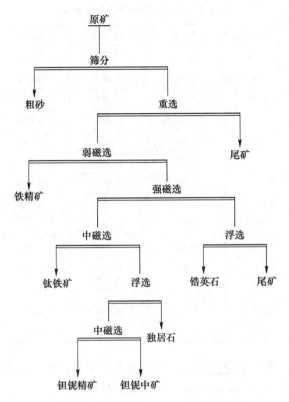

图 3-3 重选—磁选—浮选原则流程

表 3-1 原矿样主要化学元素分析结果 （%）

元素	SiO$_2$	Al$_2$O$_3$	Fe$_2$O$_3$	CaO	MgO	K$_2$O	Na$_2$O	TiO$_2$
含量	99.51	0.30	0.0434	0.0074	0.0032	0.0057	0.0062	0.23

表 3-2 原矿筛分分析结果

粒级/mm	产率/%	含量/%							
		SiO$_2$	Al$_2$O$_3$	Fe$_3$O$_4$	CaO	MgO	K$_2$O	Na$_2$O	TiO$_2$
+1.5	2.47	99.31	0.18	0.026	0.012	0.0021	0.004	0.007	0.21
-1.5+1.0	7.75	99.62	0.05	0.011	0.02	0.0083	0.004	0.006	0.12
-1.0+0.8	4.05	99.68	0.05	0.01	0.012	0.0019	0.005	0.007	0.1
-0.8+0.5	21.97	99.67	0.05	0.012	0.0025	0.001	0.003	0.006	0.1
-0.5+0.3	28.54	99.63	0.07	0.016	0.0042	0.0016	0.004	0.007	0.1
-0.3+0.2	9.43	99.53	0.07	0.03	0.0027	0.0014	0.002	0.007	0.2
-0.2+0.1	15.94	99.13	0.14	0.047	0.003	0.002	0.004	0.003	0.41
-0.1+0.074	3.72	99.00	0.27	0.049	0.006	0.002	0.003	0.005	0.4
-0.074+0.043	2.27	98.50	0.51	0.073	0.021	0.002	0.003	0.012	0.47
-0.043	3.86	96.48	1.27	0.53	0.05	0.03	0.06	0.01	1.42
合计	100.00								

表 3-3　样品矿粒级构成成及含量　　　　　　　（%）

粒级/mm	+0.2	+0.1	+0.043	-0.043	合计
石英	99.544	99.512	98.463	96.711	99.287
钙长石	0.008	<0.001	0.003	0.002	0.005
低铁透辉石	<0.001	<0.001	0.003	0.003	0.001
电气石	0.000	0.008	0.003	0.041	0.004
蓝晶石	0.047	0.033	0.085	0.145	0.053
高岭石	0.296	0.323	0.750	2.261	0.450
白钛石	0.031	0.079	0.375	0.349	0.088
铁锈	0.012	0.023	0.057	0.096	0.023
锆石	0.002	0.001	0.201	0.279	0.034
铬铁矿	<0.001	<0.001	0.023	0.006	0.002
水铝石	0.034	0.003	0.012	0.026	0.025
黄铜矿	0.001	<0.001	<0.001	0.001	0.001
其他	0.025	0.017	0.024	0.080	0.027
合计	100.000	99.999	99.999	100.000	100.000

由筛分和工艺矿物学研究可知，该石英砂矿中-0.1mm粒级杂质较多，品质较差，需要首先筛除-0.1mm粒级。+0.8mm粒级磨至-0.8mm，与+0.1mm合并采用螺旋选矿机选出钛锆等重矿物，轻矿物经浆料式高梯度磁选机除铁和草酸擦洗可获得相对原矿产率为71.19%的石英砂，Fe_2O_3含量为0.0078%，白度为83.5%，满足光伏玻璃用石英砂的要求。石英矿精矿草酸和无酸擦洗试验结果见表3-4。

表 3-4　石英矿精矿草酸和无酸擦洗试验结果

产品名称	品位/%								
	Al_2O_3	SiO_2	Fe_2O_3	CaO	MgO	K_2O	Na_2O	TiO_2	白度
草酸擦洗	0.06	99.74	0.0078	0.015	<0.01	0.001	0.005	0.04	83.5
无酸擦洗	0.05	99.73	0.012	0.015	<0.01	0.001	0.04	0.05	79.1

3.2　原生钛矿及选矿工艺

原生钛矿矿床依其所含矿物种类可分为磁铁型钛铁矿、赤铁型钛铁矿和金红石型钛矿等三种主要类型。从矿床成因看，其与基性深成岩，特别是与辉长岩、苏长岩和斜长岩有密切关系。在辉长岩中钛矿石主要以磁铁矿-钛铁矿共生类型存在，如我国四川攀枝花和河北承德的钛矿床，该类型矿中伴生钒，称为钒钛磁铁矿矿床。在斜长岩中钛矿石主要以赤铁矿-钛铁矿共生类型存在。金红石型钛矿多与变质作用相关，以原生金红石为主，常伴生钛铁矿。

原生钛铁矿常用的选矿方法有重选、磁选、电选、浮选及联合工艺流程。

（1）重选—电选工艺。对于脉石矿物与钛铁矿密度差异大的矿石，可通过重选预先丢弃脉石和废弃矿物，获得的粗精矿再通过电选得到钛铁矿精矿。对于含硫的矿石，可通过浮选预先除硫。

（2）重选—浮选—磁选工艺。对于矿石粒度分布不均匀的矿石，可将矿石预先分级，粗粒重选抛尾，再精选，细粒级直接浮选的方法获得钛铁矿精矿。根据入选物料的性质差异，在矿石预先分级为粗粒、细粒后，粗粒也可通过重选—电选的方法获得精矿，细粒级则磁选获得粗精矿，粗精矿浮选获得钛铁矿精矿。

（3）单一浮选或磁选—浮选工艺。对于嵌布粒度较细的矿石，在矿石磨碎选完铁后可直接浮选获得精矿；或先经过湿式强磁选，磁选精矿再浮选获得钛铁矿精矿。

金红石脉矿的矿物组成较为复杂，通常含有赤铁矿、钛铁矿、磁铁矿、褐铁矿等密度大的矿物。同时金红石的嵌布粒度较细，大部分的嵌布粒度小于0.1mm。因此根据主要矿物的物理化学性质，一般采用以下几种选矿方法组成的选矿工艺流程来处理金红石脉矿。

（1）重选—磁选—重选流程。即通过重选预先选出大部分的脉石矿物，再磁选除去钛铁矿及其他磁性矿物，最后通过重选进一步除去金红石中的杂质。

（2）重选—磁选—电选流程。该工艺的特点是在磁选除去磁性矿物后，通过电选直接获得金红石精矿。但是该方法不适用于嵌布粒度较细的金红石矿，一般电选法的粒度范围为大于0.04mm。

（3）重选—磁选—浮选流程。该工艺流程特点是采用浮选法来分离磁选后的非磁性产品，得到金红石精矿。

（4）浮选—磁选—焙烧—酸洗流程。该工艺的特点是当浮选和磁选法得到的金红石精矿中杂质含量较高时，用焙烧、酸洗法除去其中可溶于酸的杂质矿物，以得到合格的金红石精矿。

（5）重选—磁选，浮选—磁选联合流程。该工艺是将磨矿后的物料分为粗粒级和细粒级两部分，粗粒级采用重选—磁选方法获得粗粒金红石精矿，细粒级部分通过浮选—磁选回收细粒级金红石，这样进入浮选的矿量将大大减少，从而降低成本。

3.3 选冶联合工艺

某海岸/沙丘型钛铁矿床（河海混合堆积）的原矿矿砂组分主要由大量石英、较少的长石和重矿物组成；重矿物组分包括各种比例的磁铁矿、钛铁矿、钛尖晶石、饰变钛铁矿、赤铁矿、针铁矿、白钛石、铬铁矿、金红石、锐钛矿、绿帘石、辉石、角闪石、红柱石、十字石、锆石、榍石、独居石、石榴石和蓝晶石。

　　原矿经旋流器脱泥—螺旋溜槽重选-弱磁选获得重砂。重砂中主要有价矿物为钛铁矿（包括含镁、锰钛铁矿）占 78.58%、钒钛磁铁矿占 12.70%、铬铁矿占 3.80%、金红石占 2.39%、独居石占 0.16%；主要脉石矿物为石英占 0.62%、锆石占 0.20%、铁铝榴石占 1.35%、钠长石等占 0.20%。

　　钛铁矿和铬铁矿比磁化系数较金红石和锆石大，可以用磁选方法分离；钛铁矿和铬铁矿密度和比磁化系数相近，直接采用重、磁选工艺很难使钛铁矿和铬铁矿进行分离，可采用氧化焙烧—磁选的方法进行分离；金红石和锆石这两种矿物导电性差异较大，可采用电选法将其进行分离。

　　原则流程有以下两种，分别为先焙烧后磁选和先磁选后焙烧流程，工艺流程分别如图 3-4 和图 3-5 所示。

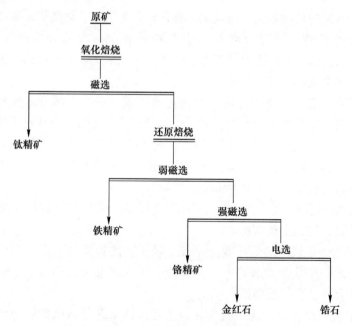

图 3-4　先焙烧后磁选原则流程

　　由表 3-5 可知，通过先焙烧后磁选流程试验，可得到品位为 47.94%、回收率为 78.52% 的钛精矿；还可得到品位为 28.65%、回收率为 84.18% 的铬精矿。

　　由表 3-6 可知，通过先磁选后焙烧流程试验，可得到品位为 47.96%、回收率为 78.63% 的钛精矿；还可得到品位为 28.59%、回收率为 83.58% 的铬精矿。两种流程试验结果比较见表 3-7。

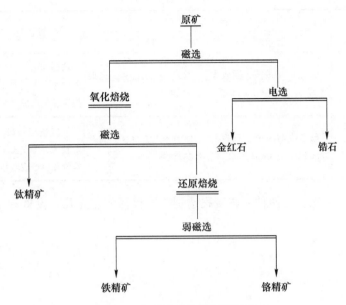

图 3-5 先磁选后焙烧原则流程

表 3-5 先焙烧后磁选试验结果

产品名称	产率/%	TiO$_2$ 品位/%	TiO$_2$ 回收率/%	Cr$_2$O$_3$ 品位/%	Cr$_2$O$_3$ 回收率/%
钛精矿	69.53	47.94	78.52	0.23	5.42
铬精矿	8.67	39.06	7.98	28.65	84.18
铁精矿	19.82	27.00	12.61	1.37	9.22
尾矿	1.98	19.11	0.89	1.76	1.18
给矿	100.00	42.45	100.00	2.95	100.00

表 3-6 先磁选后焙烧试验结果

产品名称	产率/%	TiO$_2$ 品位/%	TiO$_2$ 回收率/%	Cr$_2$O$_3$ 品位/%	Cr$_2$O$_3$ 回收率/%
钛精矿	69.50	47.96	78.63	0.23	5.49
铬精矿	8.51	39.06	7.84	28.59	83.58
铁精矿	19.68	26.84	12.47	1.41	9.53
尾矿	2.31	19.54	1.06	1.76	1.40
给矿	100.00	42.39	100.00	2.91	100.00

表 3-7   方案比较结果

方案	技术指标		投资及生产成本
	钛精矿	铬精矿	
先焙烧后磁选	钛品位 47.94%，回收率 78.52%，含 Cr_2O_3 0.23%	铬品位 28.65%，回收率 84.18%	焙烧量相对较大，磁选量相对较小；与先磁选后焙烧流程投资和生产成本相当
先磁选后焙烧	钛品位 47.96%，回收率 78.63%，含 Cr_2O_3 0.23%	铬品位 28.59%，回收率 83.58%	焙烧量相对较小，磁选量相对较大；与先焙烧后磁选流程投资和生产成本相当

由表 3-7 可知，这两种原则流程选别技术指标相差无几，投资和生产成本也相当。

4 常用选别设备

4.1 筛分设备

4.1.1 圆筒筛

圆筒筛主要用于洗矿隔渣，广泛应用于砂矿采选厂。某残坡积型砂矿的矿砂粒度大小不均，含泥量大，有价矿物锆石、钛铁矿等主要粒度集中在 0.02 ~ 0.5mm，粒度范围较窄，选别前采用圆筒筛洗矿筛分，丢弃树根、贝壳等少量筛上杂物，筛下产品采用水力旋流器脱泥后进入主流程选别。

圆筒筛的筒体由金属丝编织网或穿孔钢板制成，筒体绕水平轴或略倾斜的轴旋转。筒体由电动机通过链条、齿轮或摩擦传动装置带动旋转。圆筒筛的主要优点是结构简单，容易维修，平衡可靠，振动较轻。

4.1.2 高频振动筛

高频振动筛常用于选矿厂分级，在海滨砂矿采选厂中，除了起分级作用外，还可用于筛选。GZX 高频振动细筛如图 4-1 所示，筛体采用橡胶弹簧悬挂式进行消振，机架振动小，无须固定，噪声低，橡胶弹簧寿命长。采用不锈钢叠层筛网能有效地防止筛网堵塞，同时也可采用高效耐磨的聚氨酯筛网。筛分效率高、处理能力大、功耗低；结构合理紧凑，设备占地面积小；振动电机性能优良、寿命长、管理维护方便；分离粒度细，最小可达到 40μm。

南港钛矿为富含锆石的钛铁矿、独居石综合海滨沉积砂矿床。矿石由 50 多种矿物组成，其中主要有用矿物有钛铁矿、独居石、锆石，其次为锐钛矿、金红石、白钛石、磷钇矿及很微量的锡石、自然金等。脉石矿物以石英为主，其他为长石、高岭土、角闪石、绿帘石、电气石、石榴石等。矿石粒度均匀，且偏粗，含粗砂及细泥量少，原矿粒度均在 2mm 以下，-0.08mm 粒级含量小于 1%。其中钛铁矿富集在 -0.32mm +0.08mm 粒级中，锆石富集在 -0.2mm +0.08mm 粒级中。矿石中有用矿物与脉石矿物存在着明显的粒度差，+0.5mm 以上粒级为例，该粒级产率达 58.47%，而 TiO_2 和 ZrO_2 两种有价元素氧化物占有率分别为 7.95% 和 11.37%，为筛选工艺的应用提供了先决条件。

南港钛矿筛选—螺旋粗选新工艺为一套轨道式移动的采选联合装置（以下简称移动式采选厂），其工艺流程包括采运、筛选、螺旋选矿。采矿用 ZL-50 型前

图 4-1　GZX 高频振动细筛

端式装载机干采，采出的矿石倒入移动矿仓，然后由皮带运输机输送到移动式选矿厂。原矿入选矿厂首先加水造浆，然后经高频细筛筛选，筛上物作最终尾矿丢弃，筛下产品经浓缩后用砂泵扬送到螺旋选别系统。筛选—螺旋选矿工艺比全螺旋工艺 TiO_2 回收率高出 13.73%。海滨砂矿筛选—螺旋选矿工艺流程简单、使用设备少、能耗低、技术经济指标先进，是海滨砂矿选矿先进有效的新工艺。该工艺的研究成功及生产应用为海滨砂矿资源开发增添了新的工艺类型。对适合本工艺的海滨砂矿资源开发有推广价值。

4.2　重选设备

4.2.1　圆锥选矿机

圆锥选矿机的工作界面可视为一个由若干个没有侧壁的扇形溜槽拼组而成的倒置圆锥，它消除了扇形溜槽的侧壁效应，改善了分选效果，提高了设备处理量，是海滨砂矿适宜的粗选设备。分选粒度一般为 2~0.04mm。

影响圆锥选矿机工作的因素与扇形溜槽相同。同组合扇形溜槽相比，圆锥选矿机的处理能力更大，而指标也较稳定。圆锥选矿机的处理能力大而作业成本低廉，适合于处理大宗低品位矿石使用，可以装设在陆地选厂或采砂船上。随着圆锥选矿机的出现，解决了长期以来处理细粒级设备能力低的问题，被认为是重选设备发展的重大革新。

单层圆锥选矿机的结构如图 4-2 所示。分选锥的直径约为 2m，分选带长 750~850mm，锥角 146°（锥面坡度 17°）。在分选锥面的上方设置一正锥体，用于向西面的分选锥分配矿浆，成为分配锥。高浓度矿浆由分配锥中心给矿斗均匀流下，通过分配锥与分选锥之间的周边缝隙进入分选锥，在分选锥锥面上的选别过程与在扇形溜槽上相同。进入底层的重矿物由环形开口缓缓流入精矿管中，上层含轻矿物的矿浆流以较高速度流到中心尾矿管，调节喇叭口状的环形截矿板的高度即可改变轻、重产物的数量和质量。除了这种排矿方法外，重矿物也可由靠近分选锥面末端的环形开缝排出。

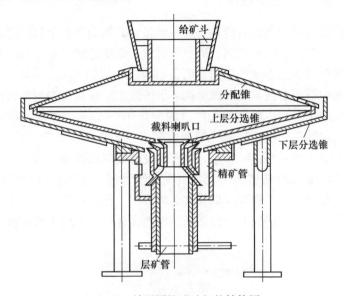

图 4-2　单层圆锥选矿机的结构图

　　为了提高设备处理能力，分选工作面可制成双层的。双层圆锥选矿机设置合适的分选锥层面距离，并让分配锥在周边间断开口，因而能平均地将矿浆分配到两个锥面上。单层锥和双层锥可以单独工作也可联合起来应用。

　　现时应用的圆锥选矿机多是呈多段配置，在一台设备上实现连续的粗选、精选、扫选作业。为了平衡各锥面的处理矿量，给矿量大的粗选和扫选圆锥被制成双层的，精选圆锥为单层的。单层圆锥选出的重产物再在扇形溜槽上精选，所用扇形溜槽均带有扇形板以提高分选的精确性。这样由一个双层锥、1~2个单层锥和一组扇形溜槽构成的组合体被称为一个分选段。底层最末段通常不再设单锥，由各段双层锥产出的重产物在进入单层锥精选时需加水降低浓度，而轻产物在进入扫选锥分选前最好脱除部分水量。设备最后产出废弃尾矿、粗精矿，还有产率大约占20%的中矿。中矿一般返回本设备循环处理。

　　乌场钛矿位于我国海南岛境内，是我国海滨砂矿主要的生产厂矿之一，采用干采、干运及以圆锥选矿机为主体选别设备的移动式采选联合装置。干矿入选厂首先加水形成高浓度矿浆，矿浆浓度为70% ~ 72%，矿浆自流到一台五联500mm×1000mm的斜面打击筛进行筛分，+1.2mm的筛上产品包括粗砂、贝壳及杂草等异物作尾矿丢弃，-1.2mm 的筛下产品由一台 6.35cm（$2^{1/2}$ 英寸）PS 砂泵扬送至圆锥选矿机进行粗选。在圆锥选矿机给矿管上装有 QN-I 型浓度计，进行浓度检测和记录。原矿经圆锥选矿机粗选丢弃尾矿，采用砂泵扬送到采空区复砂堤；中矿返回至本机二段选别再选；精矿送至螺旋溜槽进行精选。

4.2.2 螺旋选矿机及螺旋溜槽

螺旋选矿设备是一种高效的重力选矿设备，其制造材料由最初的铸铁、废旧汽车轮胎，发展到现在的玻璃钢、尼龙等材料。螺旋选矿设备包括螺旋选矿机和螺旋溜槽，两种设备选别原理相同，设备结构也相似如图 4-3 所示，其主要区别在于螺旋槽的横截面形状不同。螺旋选矿机的螺旋槽横截面为近似椭圆形，适于选别粒度较粗的矿石，一般选别粒度范围为 0.074~2mm。螺旋溜槽的螺旋槽横截面为立方抛物线形，槽底较宽、较为平缓，适于选别粒度较细的矿石和矿泥，一般选别粒度范围为 0.02~0.5mm。目前螺旋溜槽应用较多一些，有的螺旋选矿机在螺旋槽的内缘开有精矿排出孔，沿垂直轴设置精矿排出管，有的还有补加水；而螺旋溜槽的分选产物都从螺旋槽底端排出。此外，部分螺旋选矿设备厂家为了提高细粒级物料的回收率，将摇床床面的设计理念应用于螺旋槽面的改进。

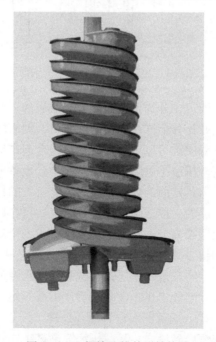

图 4-3 GL 螺旋溜槽外形结构图

螺旋选矿设备因功耗低、结构简单、占地面积少、操作简易、选矿稳定、分矿清晰、无运动部件、便于维护管理、单位面积处理量大、处理粒级较宽等特点，广泛用于中细粒级（0.02~2mm）钛、锆、钽、铌、钨、锡、铁等矿石的选矿，特别是在粗细分流、阶段分选、中矿再磨、联合选别新工艺流程中发挥了重要的作用。

螺旋选矿设备是钛锆选厂中最常用的重选设备之一，常与摇床配合使用，用于中细粒级（0.02~2mm）的物料重选粗选，其粗精矿再采用摇床精选，克服使用摇床粗选的缺点，如单位占地面积处理量低，水、电消耗大和给矿分级要求高。

根据某残坡积砂矿具有粒度大小不均、含泥量大，有价矿物锆石、钛铁矿等含钛矿物主要粒度集中在 0.02~0.074mm，呈细粒分布，粒度范围较窄的特点，选别前采用隔渣筛预先筛分，丢弃树根、贝壳等少量筛上杂物，筛下产品采用水力旋流器脱泥。沉砂进行螺旋溜槽粗选、扫选选别，可获得回收率大于90%的钛锆粗精矿。

4.2.3 摇床

摇床是选别中、细粒级矿石应用最普遍的重选设备之一，广泛应用于钛、锆、钽、铌、钨、锡等矿石的选矿，适宜的入选粒度为 0.02~2mm。摇床的突出优点是：（1）富集比高（可达数百倍）；（2）经一次选别，可以得到高品位精矿和丢弃尾矿；（3）可以同时接取多个产品；（4）不同密度的矿物在床面上分带明显，易于接取。摇床的缺点有：单位面积处理能力低、占用的厂房面积大，大的选厂常用来作精选设备，小的选厂可直接作粗选和精选设备。

摇床是海滨砂矿精选最常用的重选设备之一，常用来处理-2mm 粒级的物料，一般海滨砂矿精选厂采用摇床对粗精矿进一步精选。

摇床床面一般设有来复条或沟槽，这种来复条或沟槽的高低深浅及形状对不同粒级矿石的分选也有重要影响。由于摇床是钛锆精选厂最重要的设备之一，其选别效率至关重要，因此，为了提高摇床选别效率，不少科技工作者对床条的形状和布置形式进行了改进。里松褐钇铌矿把传统直条形床条改为单波形床条，经过反复的对比试验后，将工业型波形床条摇床应用于生产。普通型刻槽在床上的布置形式和单波型刻槽在床上的布置形式如图 4-4 和图 4-5 所示，单波形床面的床条由三段组成，即保留平行条、斜条及延长平行条三部分；斜条段共 51 条 12 组，床条间距 36mm，斜度角为 8°。保留及延长平行条段床条共 46 条 11 组，床条间距 33mm，均沿床面运动方向平行布置。生产实践表明，单波形摇床在富矿比不变的情况下，能比普通摇床处理更多的矿石，并能提高选矿回收率。

摇床给矿要求预先分级，分粒级入选是摇床分选的先决条件，粒级范围越窄，摇床效率越高。采用水力分级方法所获得的产物中，因为高密度矿物的平均

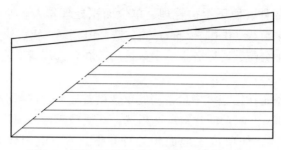

图 4-4　普通型刻槽在床上的布置形式示意图

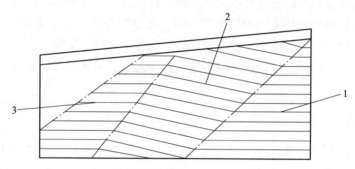

图 4-5　单波型刻槽在床上的布置形式示意图
1—平行条区；2—斜条区；3—延长平行条区

粒度要比低密度矿物小许多，可发生析离分层，所以，选厂常采用 4~6 室机械搅拌式水力分级机对摇床给矿进行分级。另外，摇床处理矿石的粒度上限为 2~3mm（粗砂摇床），矿泥摇床的回收粒度下限一般为 0.02mm。给矿中若含有大量的微细粒级矿泥，不仅它们难以回收，而且因矿浆黏度增大，分层速度降低，还会导致较多的高密度矿物损失。所以在摇床给矿中含泥（指小于 10~20μm 粒级）量多时，即需进行预先脱泥。

摇床的选别效率除与摇床本身的结构形式和给料性质（密度、粒度组成、给矿量、给矿浓度等）有关外，还与冲程、冲次、冲洗水量、床面横向坡度等因素有直接关系。

4.2.3.1　冲程与冲次

摇床的冲程和冲次对矿粒在床面上的松散分层和搬运分带同样有十分重要的影响。在一定范围内增大冲程和冲次，矿粒的纵向运动速度将随之增大。然而，若冲程和冲次过大，低密度和高密度矿粒又会发生混杂，造成分带不清。过小的冲程和冲次，会大大降低矿粒的纵向移动速度，对分选也不利。因此，摇床冲程一般在 5~25mm 调节，冲次则在 250~400r/min 调节。冲程和冲次的适宜值主要与人选的矿石粒度有关，粗砂摇床取较大的冲程、较小冲次；细砂和矿泥摇床取较小的冲程、较大的冲次。常用摇床的冲程和冲次见表4-1。

表4-1 常用摇床的冲程与冲次

6-S 摇床			云锡式摇床			弹簧摇床		
给料	冲程/mm	冲次/r·min^{-1}	给料	冲程/mm	冲次/r·min^{-1}	给料粒级/mm	冲程/mm	冲次/r·min^{-1}
矿砂	18~24	250~300	粗砂	16~20	270~290	0.5~0.2	15~17	300
			细砂	11~16	290~320	0.2~0.074	11~15	315
矿泥	8~16	300~340	矿泥	8~11	320~360	0.074~0.037	10~14	330
						<0.037	5~8	360

4.2.3.2 冲洗水和床面横向坡度

冲洗水的大小和坡度共同决定着横向水流的流速。增大坡度或增大水量均可增大横向水速。处理同一种物料，"大坡小水"和"小坡大水"均可使矿粒获得同样的横向速度，但"大坡小水"的操作方法有助于省水，不过此时精矿带将变窄，而不利于提高精矿质量。因此进行粗选和扫选时，采用"大坡小水"，进行精选时采用"小坡大水"。粗砂摇床的床条较高，其横向坡度也较大；细砂及矿泥摇床的横坡相对较小。生产中常用的摇床横向坡度大致为粗砂摇床：2.5°~4.5°、细砂摇床：1.5°~3.5°、矿泥摇床：1°~2°。从给水量来看，粗砂摇床单位时间的给水量较多，但处理每吨矿石的耗水量则相对较少。通常处理每吨矿石的洗涤水量为1~3m^3，加上给矿水总耗水量为3~10m^3。

4.3 磁电选设备

4.3.1 湿式磁选机

磁选是以矿物的磁性差异为基础的选矿方法。矿粒通过磁选机的磁场时，同时受到磁力和机械力的作用，磁性较强的矿粒受到的磁力较大，磁性较弱的矿粒受到的磁力较小，因此磁性不同的矿粒有着不同的运动轨迹，从而获得两种或几种单独的产品。磁选机分为干式磁选机和湿式磁选机。

ZCT系列湿式弱磁选和中磁筒式磁选机如图4-6所示，该系列磁选机是一种应用高性能永磁材料钕铁硼的磁选机。这种设备可以应用于选别磁铁矿、假象赤铁矿、风化半风化磁铁矿、磁黄铁矿等矿物；作为强磁选前的预选设备，除去强磁和中磁性矿物，以防堵塞；用于非金属矿的提纯或重介质选矿中磁性介质的回收再利用。

SSS-I型系列立环高梯度磁选机如图4-7所示，该系列磁选机适用于选别弱

图 4-6　ZCT 系列湿式弱磁选和中磁筒式磁选机

磁性矿物、中磁性矿物以及非金属矿物的除杂和提纯，如假象赤铁矿、赤铁矿、褐铁矿、菱铁矿、铬铁矿和锰矿的回收等；含钨石英脉中细粒嵌布黑钨矿的回收，锡石多金属硫化矿中磁黄铁矿的分离；钛铁矿、钽铌铁矿、铁锂云母、独居石、磷钇矿等矿物的回收；锂辉石与角闪石，钽铌铁矿与细晶石，钛铁矿与人造金红石，金红石与石榴石、角闪石等矿物的分离；玻璃陶瓷工业原料石英、长石、高岭土的提纯，高温耐火材料硅线石、红柱石、蓝晶石的脱铁和脱除角闪石，云母、电气石，石榴石等有害杂质等。

图 4-7　SSS-Ⅰ型系列立环高梯度磁选机

4.3.2 干式磁选机

粗精矿中常见伴生矿物的比磁化系数见表 4-2。磁铁矿等矿物具有强磁性，而钛铁矿、钽铁矿、独居石、铌铁矿和褐钇铌矿具有弱磁性，因此需利用强磁选法使之从非磁性矿物中分离出来。

表 4-2 粗精矿中常见矿物的比磁化系数与矿物磁性

矿物	比磁化系数/$10^{-6}cm^3 \cdot g^{-1}$	矿物磁性	矿物	比磁化系数/$10^{-6}cm^3 \cdot g^{-1}$	矿物磁性
磁铁矿	9200	强磁性	锆石	0.79	非磁性
铌铁矿	37.38	弱磁性	独居石	17~20	弱磁性
钽铁矿	—	弱磁性	黑钨矿	36.41~39.71	弱磁性
褐钇铌矿	18.91~30.91	弱磁性	绿柱石	5.27	非磁性
锡石	0.83	非磁性	石英	−0.5	非磁性
石榴石	11~124	弱磁性	长石	14	非磁性
电气石	19.38	弱磁性	钛铁矿	136~900	弱磁性
黄玉	−0.36	非磁性	白钛石	—	非磁性
黄铜矿	5	非磁性	方铅矿	−0.62	非磁性
细晶石	—	非磁性	闪锌矿	0.83	非磁性

钛锆矿精选段所用磁选机大多为干式磁选机，在干式磁选机方面主要应用的是 $\phi885mm$ 单盘、$\phi576mm$ 双盘和 $\phi600mm$ 三盘干式盘式磁选机，这三种磁选机的结构和分选过程（见图 4-8）基本相同。圆盘经激磁电流激磁后产生磁场，因而从给矿皮带上吸起磁性矿粒，当离开磁极后，吸起的磁性矿粒将脱离磁极而落入精矿接取斗中，无磁性的矿粒将随皮带向前运动进入尾矿斗中或进下一个圆盘再选。通过调节圆盘到振动槽表面的距离（即工作间隙）实现每个盘的磁场强度调整。多盘式磁选机可实现多次分选，通过多盘磁选机一次作业能够获得几种不同磁性质量的磁性产品。

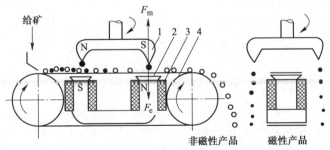

图 4-8 干式盘式磁选机示意图

1—分选圆盘；2—电磁铁；3—激磁线圈；4—给料皮带

磁选机的处理能力与处理物料的粒度有关，对 ϕ885mm 单盘磁选机而言，当处理-3+0.83mm 物料时，处理能力为 1.2t/h，当处理-0.83mm+0.2mm 物料时，处理能力为 1t/h，当处理-0.2mm 物料时，处理能力为 0.5t/h；对于 ϕ600mm 三盘磁选机而言，当处理-3+0.83mm 物料时，处理能力为 0.35t/h，当处理-0.83mm+0.25mm 物料时，处理能力为 0.3t/h，当处理-0.25mm 物料时，处理能力为 0.25t/h。

盘式磁选机属于下端给矿，磁性矿物向上吸起型，故磁性产品中夹杂少，选择性强，可以获得较纯的钛铁矿精矿，但尾矿中的钛铁矿较高，需要多次扫选。若给矿粒级较宽，应分级分选，入选级别越窄，磁选效果越好。

4.3.3　电选机

电选法是基于被分离物料电性质上的差异，利用电选机使物料颗粒带电，在电场中颗粒受到电场力和机械力（重力、离心力）的作用，不同电性的颗粒运动轨迹发生差异而使物料得到分选的分离方法。

电选是砂矿精选常用的方法之一，但并不是所有的含钛铁的矿物在电选中作为导体分离出来。常见的钛铁矿物中磁铁矿、赤铁矿、钛铁矿、金红石、黄铁矿等属于电性较好的矿物，而锆石、石英、长石、榍石、石榴石、独居石、电气石等则属于不良导体，因此需根据给矿的组成矿物的电性质来确定可否采用电选作业进行精选。比如某海滨砂矿原矿经重选后所得的粗精矿采用磁选分离出磁铁矿、赤铁矿、钛铁矿、独居石，非磁部分主要为非导体矿物锆石和导体矿物金红石，故可用电选有效分离。

电选也常用于钽铌砂矿的精选，钽铌砂矿矿物中一般除了含有钽铌铁矿和钛铌铁矿还含有一定数量的磁铁矿、钛铁矿、独居石、磷钇矿和锆石重矿物，可采用弱磁选选出磁铁矿，弱磁尾矿再用电选法将钛铁矿、铌铁矿、钛铌铁矿（导体物料）与独居石、磷钇矿、锆石（非导体物料）分离后，导体物料和非导体物料分别进入不同的后续分选作业。

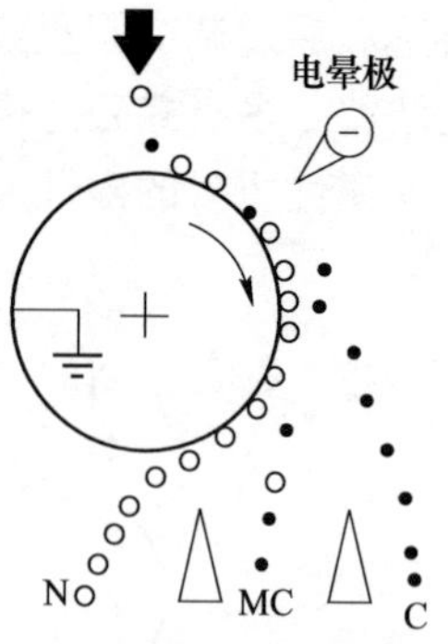

物料颗粒在较常用的圆筒形电晕电选机中的分选过程如图 4-9 所示。入选物料干燥后随辊筒进入电晕电场，来自电晕电场的电晕极产生电子及空气的负离子使导体和非导体都能吸附负电荷，但是导体颗粒得到的负电荷多，落到辊面之后又把电荷传给辊筒，负电荷全部放完，反而又得到正电荷被辊筒排斥，在电力、重力和离心力的作用下其轨迹偏离辊筒进入导体产品区；非导体颗粒

图 4-9　高压电晕筒式电选机分选示意图

进入电场后，由于剩余电荷多，在静电场中产生的吸力大于矿粒的重力和离心

力，吸附于辊筒上面直至被辊筒后面的刷子刷下，进入非导体产品区。

由长沙矿冶研究院生产的 YD 型高压电选机（有 YD-3A 型和 YD-4A 两种）在国内使用也较多。YD-3A 型电选机的结构如图 4-10 所示，其三筒上下排列，工作电压为 0~60kV。YD 型与前述电选机的主要不同之处是电极结构。电晕极不是采用普通的镍铬丝，而是采用刀形电晕极，其尖削边缘的厚度可在 0.1mm 或更小，这样的刀片电极比较容易产生电晕放电，也不致因火花放电烧坏电晕极。但也因较容易过渡到火花放电，这对在很高电压下才能成为导体的物料分选

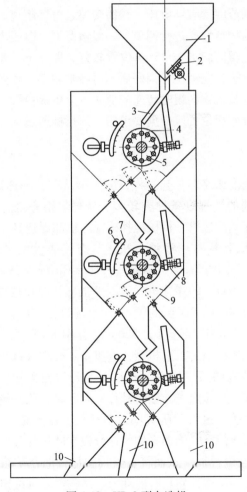

图 4-10 YD-3 型电选机

1—矿仓；2—给矿闸门；3—给矿板；4—圆筒电极；5—电热器；6—偏转电极；
7—电晕极；8—排矿毛刷；9—产品分隔板；10—排矿斗

YD-3 型高压电选机的结构参数：（1）接地滚筒电极：直径 300mm，长 2000mm，数量 3 个，转速可调；

（2）弧形刀片电极：刀片长 2105mm，刀片厚度 0.1~0.3mm，刀片数量 7 片

是个缺点。YD-3A 型采用三筒连选既能加强精选或扫选，又有利于提高处理能力。当需要加强精选时，下筒可用于分选上筒的导体产品或中间产品，可通过调节分矿挡板的位置实现。长沙矿冶研究院曾将 YD 系列电选机来用以钽铌矿的精选取得了比较满意的指标。

为了提高电选指标，必须对入选物料进行分级、除尘与加热。粒度对电选效果有重要的影响，各种粒级所要求的分选条件是不相同的，因此处理粒度范围很宽的物料时，很难选择适当的操作条件。为了提高电选效率，必须对物料分级，分级粒度范围越窄，电选效果越好。各级别的电选结果并不相同。

辊式电选机的调节因素有：电压、辊筒转速、电极距离、分矿板位置、给矿速度等，生产中根据物料性质进行调节。一般情况下，电压高些分选效果好；电晕极和静电极在接地辊筒斜上方 45° 角位置较好，距离 60~80mm 太近时易产生火花放电，烧毁电晕极，电极位置调好后不再经常调整；辊筒转速视矿石的性质和要求的指标进行调整，物料粗时转速应低些，分矿板位置改变，产品产率和品位随之改变，因此分矿板位置应根据要求的分选指标通过试验确定。

4.4   浮选设备

浮选设备是实现泡沫浮选工艺，将目的矿物从矿石中选别出来的机械设备。目前，用于矿物分选的浮选设备种类较多、品种规格齐全。按其充气搅拌方式分，有充气机械搅拌式浮选机、机械搅拌式浮选机和浮选柱；按选别矿物的类别也可分为常规浮选机和特殊用途浮选机。具有代表性的产品包括：芬兰 OK-TankCell 型浮选机、美国的 Wemco 浮选机和 Dorr-Oliver 浮选机、瑞典 Mesto 公司 RSC（Reactor Cell System）的浮选机、俄罗斯的 φ II 型浮选机，芬兰 OK 型浮选机的最大单槽容积为 $300m^3$，美国的 Wemco 浮选机为 $200m^3$，瑞典的 RSCTM 浮选机为 $200m^3$，我国的 KYF 浮选机为 $320m^3$。其中 KYF 型浮选机在国内的矿山应用最广泛，是超大型矿山的首选机型，这里重点介绍 KYF 机型。

KYF 型浮选机结构如图 4-11 所示。KYF 型浮选机采用"U"型槽体或圆筒形槽体、空心轴充气、悬挂定子和锥台叶片后倾叶轮。该叶轮类似于高比转速离心泵叶轮型式，扬送矿浆量大，压头小，功耗低；在叶轮（叶轮）空腔中设计了独特的空气分配器，使空气能预先均匀地分散在叶轮叶片的大部分区域内，提供了大范围的矿浆-空气界面，从而将空气均匀地分散在矿浆中。新设计的叶轮定子系统，具有独特的结构，它具有能耗低、结构简单等突出优点。

KYF 型浮选机的工作原理是：当叶轮旋转时，槽内矿浆从四周经槽底由叶轮下端吸入叶轮叶片间，与此同时，由鼓风机给入的低压空气，经中空轴进入叶轮腔的空气分配器中，通过空气分配器周边的孔流入叶轮叶片间，矿浆与空气在叶轮叶片间进行充分混合后，由叶轮上半部周边排出，由安装在叶轮四周斜上方的

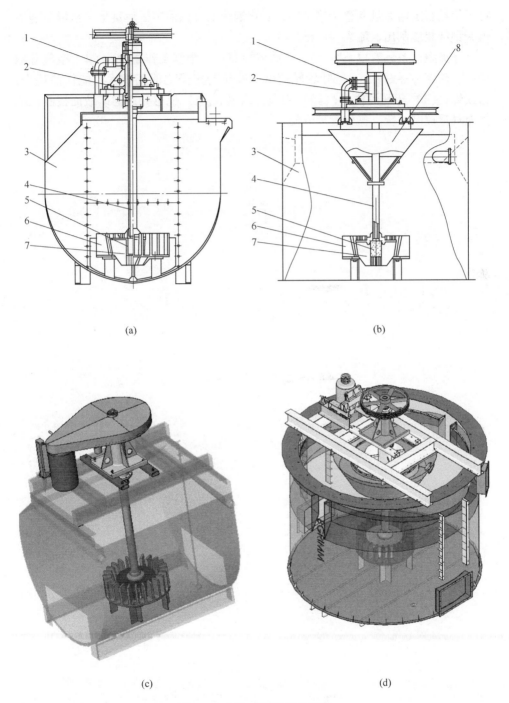

图 4-11　KYF 型浮选机结构图
1—空气调节阀；2—轴承体；3—槽体；4—轴；5—空气分配器；6—定子；7—叶轮；8—推泡锥

定子稳流和定向后进入整个槽子中，矿化泡沫上升到稳定区后富集，从溢流堰溢出或刮泡装置刮出，流入泡沫槽。

该类型设备具有以下特点：（1）结构简单，维修工作量少；（2）空气分散均匀，矿浆悬浮好；（3）叶轮转速低，叶轮与定子之间间隙大，能耗消耗少，磨损轻；（4）药剂消耗少；（5）带负荷启动；（6）配有先进的矿液面控制系统和充气量控制系统，操作管理方便。

5　钛锆矿浮选研究

浮选是利用矿物表面物理化学性质差异（尤其是表面润湿性）在固-液-气三相界面，有选择性富集一种或几种目的矿物，从而达到与其他矿物分离的一种选别技术。

5.1　矿物表面润湿性与浮选

本节讲述与浮选有关的最基本的表面物理化学分选原理，浮选与矿物表面润湿性的关系。

5.1.1　矿物表面润湿性

润湿是自然界常见的现象，不同矿物的表面被水润湿的情况不同。在一些矿物（如石英、长石、方解石等）表面上水滴很易铺开，或气泡较难于在其表面上扩展；而在另一些矿物（如石墨、辉钼矿等）表面则相反。如图 5-1 所示的这些矿物表面的亲水性由右至左逐渐增强，而疏水性由左至右逐渐增强。

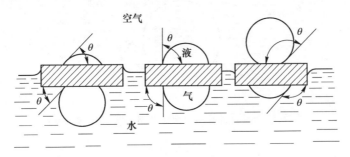

图 5-1　矿物表面润湿现象

由此可知，为了占有固体表面，在气相与液相之间存在着一种竞争，但矿物表面液相被另一相（气相或油相）取代的条件是非常重要的。任意两种流体与固体接触后，一种流体被另一种流体从固体表面部分或全部被排挤或取代，这是一种物理过程，且是可逆的。例如，浮选过程就是调节矿物表面上一种流体（如水）被另一种流体的取代（如空气或油）过程（即润湿过程）。

为了判断矿物表面的润湿性大小，常用接触角 θ 来度量。在一浸于水中的矿物表面上附着一个气泡，当达到平衡时气泡在矿物表面形成一定的接触周边，称为三相润湿周边。在任意二相界面都存在着界面自由能，以 γ_{SL}，γ_{LG}，γ_{SG} 分别代表固-水、水-气、固-气三个界面上的界面自由能。通过三相平衡接触点，固-水与水-气两个界面所包之角（包含水相）称为接触角，以 θ 表示。可见，在不同矿物表面接触角大小是不同的，接触角可以标志矿物表面的润湿性：如果矿物表面形成的 θ 角很小，则称其为亲水性表面；反之，当 θ 角较大，则称其疏水性表面。亲水性与疏水性的明确界限是不存在的，只是相对的。θ 角越大说明矿物表面疏水性越强，θ 角越小，则矿物表面亲水性越强。

　　矿物表面接触角大小是三相界面性质的一个综合效应。如图 5-2 所示，当达到平衡时（润湿周边不动），作用于润湿周边上的三个表面张力在水平方向的分力必为零。于是其平衡状态（杨氏方程）方程为：

$$\gamma_{SG} = \gamma_{SL} + \gamma_{LG}\cos\theta$$

或　　　　　　　　　　$$\cos\theta = (\gamma_{SG} - \gamma_{SL})/\gamma_{LG} \tag{5-1}$$

式中，γ_{SG}，γ_{SL} 和 γ_{LG} 分别为固-气、固-液和液-气界面的自由能。

　　式（5-1）表明了平衡接触角与三个相界面之间表面张力的关系，平衡接触角是三个相界面张力的函数。接触角的大小不仅与矿物表面性质有关，而且与液相、气相的界面性质有关。凡能引起任何两相界面张力改变的因素都可能影响矿物表面的润湿性。但式（5-1）只有在系统达到平衡时才能使用。

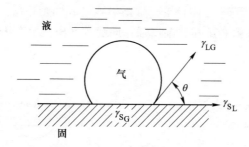

图 5-2　气泡在水中与矿物表面相接触的平衡关系

5.1.2　润湿与浮选

　　杨氏方程式（5-1）表明，固体表面的润湿性取决于固-液-气三相界面自由能并可用接触角 θ 来判断。改变三相界面自由能就可改变固体表面润湿性，因此在工业中具有重要的实际意义。

　　矿物或某些物料的浮选分离就是利用矿物间或物料间润湿性的差别，并用调节自由能的方法扩大差别来实现分离的。常用添加特定浮选药剂的方法来扩大物料间润湿性的差别。

　　如前所述，$1-\cos\theta$ 表示某物体的可浮性大小。根据杨氏方程，应设法增大

γ_{SL} 或 γ_{LG}，以及降低 γ_{SG}，以增大 θ 来提高其可浮性。

浮选药剂（包括捕收剂、起泡剂及调整剂，调整剂又分 pH 调整剂、活化剂及抑制剂）对 γ_{SL}、γ_{LG} 或 γ_{SG} 有影响，进而改变矿物的可浮性。如有些矿物的可浮性本来不大，可用捕收剂（或加活化剂）来增大可浮性；有些矿物本来可浮性较好，但为强化分离过程而需要用抑制剂来减小其可浮性。各种药剂主要作用如下：

（1）捕收剂：其分子结构为一端是亲矿基团，另一端是烃链疏水基团（石油烃、石蜡等具有大的 θ 和天然强疏水性），主要作用是使目的矿物表面疏水、增加可浮性，使其易于向气泡附着。

（2）起泡剂：主要作用是促使泡沫形成，增加分选界面，与捕收剂也有联合作用。

（3）调整剂：主要用于调整捕收剂的作用及介质条件，其中促进目的矿物与捕收剂作用的为活化剂，抑制非目的矿物可浮性的为抑制剂；调整介质 pH 值的为 pH 调整剂。

浮选法主要有泡沫浮选，此外还有离子浮选、表层浮选和多油浮选等。这些方法都与润湿性有关。

5.2 金红石浮选

我国金红石资源主要为低品位原生金红石矿，占金红石总资源量的 86%，因其矿物组成复杂，嵌布粒度细，与角闪石、石榴石等脉石矿物关系紧密，而往往与其伴生脉石矿物的物理化学性质差异不大，因此欲得到高品位、高回收率的金红石精矿，势必要使用浮选工艺。浮选工艺是分选微细粒金红石，解决原生金红石矿分离的重要手段。

5.2.1 金红石晶体结构及表面性质

5.2.1.1 金红石晶体结构

在矿物-金属离子-捕收剂作用体系中，矿物的晶体结构不但影响金属离子在矿物表面的吸附，同时影响捕收剂在矿物表面作用。金红石化学分子式为 TiO_2，其结构为 AX_2 型化合物的典型结构之一（见图 5-3）。其中钛离子填充在 6 个氧离子所组成的近似八面体空隙，其配位数为 6，占据了晶胞的角顶和中心，而氧离子则位于钛离子为角顶所组成的平面三角形的中心，其配位数为 3，这样就形成了一种以（TiO_6）八面体为基础的结晶结构。每个（TiO_6）近似八面体与其上下相邻的另外的两个（TiO_6）近似的八面体共用 2 个棱，从而形成了沿 c 轴方向延伸的比较稳定的（TiO_6）八面体链。链间则以（TiO_6）八面体的共用角顶相联结。由于中心阳离子的排斥作用，（TiO_6）八面体中共用棱比非共用棱短，因此当金红石破碎解离时，其解离方向为沿 c 轴伸长地柱状或针状晶形和平行伸长方向。JonesP 的研究认为，金红石破裂时沿 {110} 面完全解理，沿 {101} 和 {100} 面几乎完全解理，其比例为 3：1：1，每个 Ti^{4+} 在解理面上的平均分布密度为 9.18nm^2。

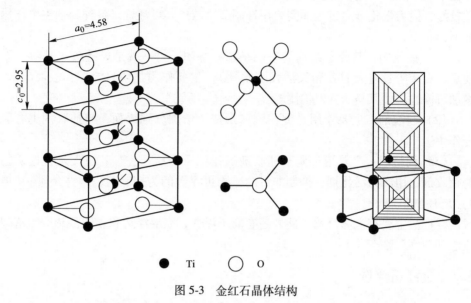

●　Ti　　○　O

图 5-3　金红石晶体结构

5.2.1.2　金红石表面性质

当矿物与水接触时，其表面会产生羟基化反应形成羟基化>S-OH 的表面（S 代表界面）。Koretsky 等人的研究表明，不同矿物以及它们不同的表面有不同的表面位类型。金红石有三种表面位：>Ti$_2$OH、>TiOH 和>Ti(OH)$_2$。在不同 pH 值条件下，随着溶液中 H$^+$ 浓度的变化，界面羟基可以得到或失去一个质子，即：

$$> SOH + H^+ \Longrightarrow\; > SOH_2^+ \tag{5-2}$$

$$> SOH \Longrightarrow\; > SO^- + H^+ \tag{5-3}$$

因此，界面羟基是一个两性基团，水中的金属阳离子、阴离子的配体或弱酸根能与其发生表面络合配位反应，即所谓的专性吸附。当>SOH$_2^+$ 与>SO$^-$ 的浓度相等时，表面电荷为零，此时所对应的 pH 值为金红石的零电点。

采用无静电表面络合模式，即认为吸附自由能中化学作用远大于静电作用，根据酸碱滴定反应：

$$> SOH_2^+ \Longrightarrow\; > SOH + H^+ \quad K_{a1} = \frac{[> SOH][H^+]}{[> SOH_2^+]} \tag{5-4}$$

$$> SOH \Longrightarrow\; > SO^- + H^+ \quad K_{a2} = \frac{[SO^-][H^+]}{[> SOH]} \tag{5-5}$$

式中，$pK_{a1} = 2.9$，$pK_{a2} = 8.2$，金红石表面位点总数$N_t = [>SOH_2^+] + [>SOH] + [SO^-] = 1.99 \times 10^{-5} mol/m^2$，由此可知在不同pH值下，金红石表面各个化合态的分布百分数如图5-4所示。

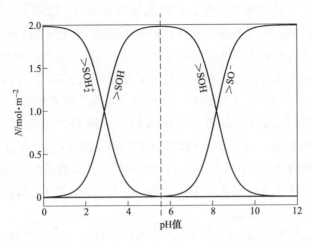

图5-4 金红石表面化合态的分布与pH值关系

由图5-4可知，随着溶液pH值的升高，金红石的正表面态$>SOH_2^+$逐渐降低，而负表面态逐渐升高，中性表面态则随pH值先升高，在pH=5.6时达到峰值，之后随pH值的升高而降低。当pH=5.6时，金红石表面态$>SOH_2$的浓度和$>SO^-$浓度相等，表面电荷为零，该点即为金红石表面的零电点（pH_{zpc}）。

5.2.2 金红石浮选捕收剂及作用机理

矿物浮选中，捕收剂的选择是关键，矿石自身性质决定了捕收剂的应用效果。根据能够与金红石中钛作用的活性基团—COOH、—AsO₃H₂、—PO₃H₂NOH、—CONHOH，将金红石浮选中常用的捕收剂分为脂肪酸类、胂酸类、膦酸类、羟肟酸类等捕收剂。

5.2.2.1 脂肪酸类捕收剂

脂肪酸类捕收剂是应用最为广泛的捕收剂，其具有羧基（—COOH）官能团，在金红石等氧化矿物的浮选中具有良好的捕收性能，其主要特点是捕收能力强，但也存在着选择性较差、不耐硬水以及对温度敏感等缺点，除了作捕收剂之外，还可以作起泡剂。

王军等人通过研究油酸钠作用下金红石的浮选行为，认为油酸钠在金红石表面的相互作用原理是，金红石表面解离的Ti^{4+}在水溶液中形成羟基化合物$[Ti(OH)_2]^{2+}$和$[Ti(OH)_3]^+$络合在金红石表面成为浮选的活性质点，再与

$C_{17}H_{33}COO^-$ 和（$C_{17}H_{33}COO$）$_2^{2-}$ 作用形成 $Ti(C_{17}H_{33}COO)_4$，从而使金红石疏水上浮。

赵西泽对西安户县细粒金红石（试样 TiO_2 品位为 2.07%，主要金属矿物为金红石、钛铁矿、铁矿物等，脉石矿物主要为方解石、绿泥石、石英和白云石等）进行选矿试验，采用重选丢弃脉石矿物和细泥，粗精矿再用磁选除去钛铁矿等磁性矿物，磁选尾矿用浮选法回收金红石，浮选采用的脂肪酸为捕收剂，羧甲基纤维素为脉石抑制剂，得到的精矿经过酸洗可得到含 TiO_2 为 87% 的金红石精矿，总回收率为 49.4%。万丽对 TiO_2 品位为 3.85%、嵌布粒度为 0.01~032mm，脉石矿物主要为角闪石、石榴石、钠云母、绿泥石的某金红石矿，在小于 0.043mm 占 65% 的磨矿细度下采用碳酸钠为 pH 调整剂、硝酸铅为金红石活化剂、六偏磷酸钠为脉石矿物抑制剂，自行配制的改性脂肪酸作为捕收剂，经"一粗三精三扫"闭路浮选，可获得 TiO_2 品位为 72.52%、TiO_2 回收率为 87.22% 的金红石精矿。

脂肪酸类捕收剂因为—COO^- 和 Ca^{2+}、Mg^{2+}、Ti^{4+}、Fe^{3+} 等金属离子作用较强，对各种金属氧化矿和含钙镁高的矿物具有良好的捕收性能，使其在浮选金红石时选择性差，因此在用脂肪酸类捕收剂浮选金红石时，宜用于脉石结构简单、主要脉石矿物为石英的金红石矿。另外，脂肪酸类捕收剂的不饱和键（双键）的数目对其熔点和临界胶束浓度的影响比烃链长度的影响要大，不饱和键越多，熔点越低，临界胶束浓度越大，对浮选越有利，而高级不饱和脂肪酸的凝固点低，常温下呈液态，在现场应用较为广泛。

5.2.2.2 膦酸类捕收剂

膦酸类捕收剂在金红石浮选中具有很好的选择性，同时也是一种重要的氧化矿捕收剂，包括磷酸酯、烃基膦酸和双膦酸。其中磷酸酯有三种即磷酸单酯、磷酸二酯和磷酸三酯，其中磷酸单酯的捕收性能较好，磷酸三酯捕收能力很弱，一般只能作为辅助捕收剂；至今为止，烃基膦酸捕收剂以苯乙烯膦酸最为典型，苯乙烯膦酸可与 Fe^{3+}、Mn^{2+} 和 Ti^{4+} 等离子生成难溶盐，如苯乙烯膦酸和烷胺二甲双膦酸等均为应用较为广泛的两种膦酸类捕收剂，目前研究较多的是苯乙烯膦酸。但由于其合成过程（合成反应见下式）中涉及氯气、三氯化磷等原料，其生成过程污染较大，要求严格控制；双膦酸类是一类值得重视的氧化矿捕收剂，其浮选性能比脂肪酸好，选择性较高，用量少，基本无毒或低毒，是金红石、黑钨、锡石等氧化矿的优良捕收剂，但由于其原料成本较高，导致药剂价格较高，目前工业化应用较少。

$$PCl_3 + Cl_2 \longrightarrow PCl_5$$

$$PCl_5 + \underset{H}{\overset{H}{\underset{|}{C}}} = CH_2 \xrightarrow{CCl_4} \underset{Cl}{\overset{H}{\underset{|}{C}}} - CH_2 - PCl_4$$

$$\underset{Cl}{\overset{H}{\underset{|}{C}}} - CH_2 - PCl_4 \xrightarrow{水解} \underset{H}{\overset{H}{\underset{|}{C}}} = CH - P(OH)_4 \longrightarrow \underset{H}{\overset{H}{\underset{|}{C}}} = CH - PO_3H_2$$

王雅静等人对原矿含 TiO_2 为 5.07% 的陕西某金红石矿进行浮选研究，在矿浆 pH 值为 8.5 时使用苯乙烯膦酸作为捕收剂浮选金红石，当用量从 200g/t 增加至 400g/t 时，浮选粗精矿金红石 TiO_2 品位从 9.66% 提高至 10.87%，回收率由 42.78% 升高至 55.88%，选别效果明显。但是，当苯乙烯膦酸用量太多时，大量的脉石矿物也被浮选，而金红石则相对受到抑制，金红石的品位和回收率大大降低；当苯乙烯膦酸用量太少时，金红石不能充分被捕收剂浮选，只有部分金红石被回收。

彭勇军等人研究表明苯乙烯膦酸和脂肪醇组成的复合捕收剂浮选金红石，较单一苯乙烯膦酸要好，且组合捕收剂可降低苯乙烯膦酸的用量，减少药剂成本。其协同机理是：苯乙烯膦酸在金红石表面发生化学吸附，脂肪醇与苯乙烯膦酸相互联结，其疏水基指向水相，从而增加了金红石表面的疏水性，提高了浮选回收率。王军等人对湖北枣阳细粒金红石进行选矿试验研究，给矿 TiO_2 品位为 3.08%，主要金属矿物为金红石、钛铁矿、榍石等，脉石矿物主要为角闪石，其次为石榴石、钠云母和绿泥石等，通过磁选脱除磁性产品，非磁性产品采用重选进行脱泥后进入浮选（进入浮选时含 TiO_2 为 3.29%），以苯乙烯膦酸和正辛醇为组合捕收剂，硝酸铅为活化剂，氟硅酸钠和水玻璃为抑制剂，经过"一粗二扫二精选"可得到含 TiO_2 为 70.98%，作业回收率为 88.60% 的金红石精矿。

苯乙烯膦酸虽然毒性比苄基胂酸低，但同时对含钙矿物也有很强的捕收能力，对含方解石较多的金红石原矿，使用苯乙烯膦酸时通常会将脉石矿物与金红石一同浮出，导致浮选精矿品位难以提升而效果不好。对含钙质矿物较多的金红石原矿必须先进行脱钙后才能使用，但在脱钙时有价矿物也因容易进入钙精矿中，使目的矿物回收率降低。

5.2.2.3 胂酸类捕收剂

烃基胂酸可分为烷基胂酸和芳基胂酸，在烷基胂酸中，烷基含碳原子数在 4～12 时有效；在芳基胂酸中，以甲苯胂酸为主。甲苯胂酸是历史上首个获得工业应用的胂酸捕收剂，之后，朱建光教授根据同分异构原理，成功研究了苄基胂酸，目前，苄基胂酸仍然是工业应用的唯一一种胂酸类捕收剂。苄基胂酸能与 Fe^{3+}、Ti^{4+}、Sn^{2+}、Pb^{2+} 等作用形成沉淀，而对 Ca^{2+} 和 Mg^{2+} 的矿物捕收能力较弱，是一种选择性较好的金红石捕收剂。试验表明苄基胂酸对角闪石和辉石没有捕收能力，但是苄基胂酸毒性大、价格高、捕收能力弱。

其作用机理是金红石被破碎后，颗粒表面有带正点的钛质点，带负电的胂酸根与带正电的钛质点的成盐能力很强，而吸附在金红石表面上，苄基疏水而起捕收作用。也有研究表明，甲苯胂酸的吸附机理是金红石断裂面上的 Ti^{4+} 水解后产生的 $Ti(OH)_3^+$ 和 $Ti(OH)_2^{2+}$ 与甲苯胂酸水解后的产物 $CH_3ArAsO_3H^-$ 通过静电作用结合成为疏水性产物。

朱建光以苄基胂酸为捕收剂，对重选后并脱硫的金红石矿石浮选，用硫酸调节 pH 值至 5，氟硅酸钠作为抑制剂，乙基醚醇作为起泡剂，得到 TiO_2 品位 84.47%、回收率 86.8% 的金红石精矿。刘贝等人以苄基胂酸作为捕收剂，碳酸钠调节 pH 值，硝酸铅为活化剂，氟硅酸钠为抑制剂，对给矿 TiO_2 品位为 3% 的金红石矿进行一次选别，获得了 TiO_2 品位 22.92%、回收率 47.13% 的金红石精矿。

甲苯胂酸的捕收性能优于苄基胂酸，但因为苄基胂酸合成工艺简单，成本相对较低，应用较多。胂酸类捕收剂毒性很大，无论是对环境还是对人体，均危害较大，因此选矿工作者正在积极寻找新型药剂以替代胂酸类捕收剂或者采用与其他种类捕收剂混合的方式，降低胂酸类捕收剂的用量，比如苄基胂酸与油酸混合。王彦令对河南某地泥质片岩含 TiO_2 为 2.69% 金红石矿的选矿试验研究发现，以六偏磷酸钠和 CMC 为抑制剂时，苄基胂酸与油酸作混合捕收剂比单用苄基胂酸作捕收剂有更好的浮选效果。湖北地质实验研究所用苄基胂酸+油酸浮选湖北枣阳金红石取得了较好的分选效果，浮选给矿为含 TiO_2 为 10.05% 的重选粗精矿，以氟硅酸钠为调整剂，经过"一粗一扫"，可以得到含 TiO_2 为 84.47% 的金红石精矿，作业回收率为 86.35%，油酸作为辅助捕收剂能显著降低苄基胂酸的用量。

5.2.2.4　羟肟酸类捕收剂

羟肟酸（R—CONHOH）可以近似看作 R—COOH 的衍生物，具有弱酸性、互变异构、螯合性能、洛森重排反应等性质，是一种典型的螯合捕收剂，具有一个肟基，其能与 Nb^{5+}、Ta^{5+}、Fe^{3+} 和 Ti^{4+} 等金属离子形成稳定的金属螯合物（见下反应式）。常用的羟肟酸类捕收剂有 $C_7 \sim C_9$ 羟肟酸、水杨羟肟酸和苯甲羟肟酸等。目前在金红石的浮选研究应用较多的是水杨羟肟酸和苯甲羟肟酸。

$$\begin{array}{c}
\diagup \\
\diagdown
\end{array} \!\!Fe(Nb,Ti)\!-\!OH + HO\!-\!\overset{R}{\underset{\underset{O^-\!-\!N}{\|}}{C}}\!\longrightarrow\!\begin{array}{c}\diagup\\\diagdown\end{array}\!\!Fe(Nb,Ti)\!\!\begin{array}{c}O\!-\!\overset{R}{\underset{\|}{C}}\\O\!-\!N\end{array}$$

羟肟酸是一种相当活泼的有机弱酸，通常以酮式（羟肟酸）或烯醇式（氧肟酸、异羟肟酸）两种形式存在（见下反应式），其中酮式是主要的存在形式。羟肟酸的螯合性能依赖于羟肟酸的结构，分子中具有（—OH）和（=C=NOH）两种活性基团，其可以通过带有孤对电子对的氮原子和氧原子与金属离子螯合，此盐类经水解作用生成异羟肟酸与碱，异羟肟酸进一步水解为脂肪酸和羟胺，脂肪酸疏水，从而将金红石矿物带入泡沫中。

$$
\begin{array}{ccc}
\overset{\displaystyle O}{\overset{\displaystyle \|}{R-C-NHOH}} & \Longleftrightarrow & \overset{\displaystyle OH}{\overset{\displaystyle |}{R-C=NOH}} \\
\text{氧肟酸} & & \text{羟肟酸}
\end{array}
$$

王雅静等人对原矿含 TiO_2 为 5.07% 的陕西某金红石矿进行浮选研究，在矿浆 pH 值为 8.5、羟肟酸用量为 400g/t 时，通过"一粗一精一扫"的浮选流程能获得 TiO_2 品位 10.73%，回收率为 68.33% 的金红石精矿，认为羟肟酸能够很好地浮选金红石是因为羟肟酸可以很好地与金红石晶格中的 Ti 离子作用，形成稳定的配位化合物而被吸附，使矿物可以被浮选。马光荣对某地变质岩微细粒金红石矿石进行选矿研究，在原矿 TiO_2 品位为 5.5% 情况下，采用 $C_7 \sim C_9$ 羟肟酸作捕收剂，在弱碱性介质中通过"一粗一扫两精"的闭路流程，得到 TiO_2 品位为 42%，回收率为 72% 的粗精矿，粗精矿用稀硫酸处理，绿泥石和碳酸盐被溶解，金红石解离出来，使得酸处理后的粗精矿中脉石主要是石英和少量云母等。调 pH 值为 3~4 加入水玻璃作抑制剂，用少量 $C_7 \sim C_9$ 羟肟酸精选 5 次全闭路流程，获得 TiO_2 品位为 80.44%，回收率为 57.41% 的金红石精矿。

曹苗等人对 TiO_2 品位为 3.08% 的金红石原矿（主要脉石矿物为角闪石）进行磁选脱除部分磁性矿物，然后对非磁性产品进行脱泥预处理，对其所得沉砂（金红石 TiO_2 品位为 3.23%）应用苯甲羟肟酸为捕收剂，硝酸铅为活化剂，六偏磷酸钠为抑制剂，经过"一粗四精三扫"的闭路浮选，最终获得金红石 TiO_2 品位为 70.86%，总回收率为 77.84% 的精矿产品，实现了对原矿的有效选别。

羟肟酸类捕收剂选择性比脂肪酸好，毒性比苄基砷酸和膦酸类捕收剂低，但其过高的价格严重阻碍了它在实际生产中的应用，由于捕收能力不强，常常加入 Pb^{2+} 作为活化剂，提高羟肟酸的捕收能力。

5.2.3　金红石浮选调整剂及作用机理

金红石浮选常用的活化剂为硝酸铅，常用的抑制剂有硫酸铝、六偏磷酸钠、氟硅酸钠、糊精、羧甲基纤维素（CMC）等，通常需根据矿石性质选择相应的调整剂。

5.2.3.1　硝酸铅

硝酸铅是金红石浮选常用的活化剂，对金红石有强烈的活化作用，对于受抑制的金红石也有较强的活化作用。研究表明在水杨羟肟酸浮选金红石体系下，硝酸铅的加入可明显提高金红石的回收率，降低水杨羟肟酸的用量。

曹苗研究了苯甲羟肟酸浮选金红石体系中不同金属离子对金红石和角闪石浮

选行为的影响，单用苯甲羟肟酸作为金红石的捕收剂，其选择性较好，但捕收能力不强，加入 Pb^{2+} 后，捕收能力提高，捕收剂用量降低。Pb^{2+} 对金红石有显著的活化作用，其活化机理是铅离子在金红石表面形成强烈化学吸附后，可使表面钛质点与水杨氧肟酸作用的活性显著增强，同时铅离子本身也能与水杨氧肟酸的羟基氧原子发生键合。卜浩对铅离子-苯甲羟肟酸-正辛醇混合捕收剂浮选金红石的浮选行为和机理进行了研究，表明螯合体系更有利于铅离子和苯甲羟肟酸在金红石表面的吸附，同时添加正辛醇使苯甲羟肟酸在金红石表面的吸附量增大。

5.2.3.2　硫酸铝

硫酸铝是金红石的有效抑制剂。丁浩等人在 FL_{108} 浮选分离金红石和磷灰石的体系下发现，硫酸铝可有效地抑制金红石，而对磷灰石几乎无影响，实现了金红石和磷灰石的分离；其抑制机理是 Al^{3+} 的水解组分 $Al(OH)_3$ 与金红石表面 Ti^{4+} 烃基化组分之间的化学键合并使表面强烈亲水，从而使其无法与阴离子等捕收剂基团发生反应，抑制了金红石的浮选。

5.2.3.3　六偏磷酸钠

六偏磷酸钠作为常用的分散剂，可有效抑制方解石、白云石等含钙矿物、石英和硅酸盐等脉石矿物，也是矿泥的分散剂。

丁浩等人在对金红石与磷灰石及石榴石分离试验中，以烷胺双甲基膦酸（TF112）为捕收剂，六偏磷酸钠为抑制剂进行金红石矿物的浮选试验，实现了金红石和磷灰石及石榴石有效分离。红外光谱和 X 光电子能谱分析表明，六偏磷酸钠在金红石表面仅产生不妨碍捕收剂作用的少量物理吸附，对金红石无抑制作用，却会选择性地与磷灰石表面的 Ca^{2+} 反应，生成具有极高稳定性和水溶性的螯合物，使脉石矿物表面的阳离子质点减少，电位降低，从而实现对磷灰石的抑制；与石榴石表面 Fe^{2+} 发生化学键合导致其牢固吸附而使石榴石表面强烈亲水，同时可选择性溶解石榴石表面 Ca^{2+} 使石榴石与捕收剂作用的表面活性质点减少。

5.2.3.4　羧甲基纤维素（CMC）

CMC 是辉石、角闪石、绿泥石等含钙镁硅酸盐、方解石、白云石等碳酸盐和黏土等泥质脉石的有效抑制剂，也是矿泥的絮凝剂。

当浮选给矿中含有较大量方解石和白云石时，可用 CMC 或六偏磷酸钠或二者混用作抑制剂，有较好的抑制效果，提高金红石精矿品位。其抑制机理是：CMC 溶于水后有一部分水解生成带负电的羧甲基离子，同时还有大部分以胶絮状态的羧甲基纤维素分子的形式存在，这些胶体状态的分子也带负电，因此在水溶液中带负电的羧甲基纤维素分子胶体会与矿物表面金属暴露阳离子（Ca^{2+}、

Mg^{2+}）产生胶束吸附而与阴离子捕收剂竞争吸附，从而抑制脉石矿物。

赵西泽以脂肪酸作捕收剂、羧甲基纤维素作抑制剂，进行金红石矿浮选试验，取得了理想的选别指标。

5.2.3.5 氟硅酸钠

氟硅酸钠是一种较为全面的抑制剂，可有效地抑制多种硅酸盐矿物，但是毒性大。

崔林等人在苄基肿酸分离金红石和石榴石的体系下，用氟硅酸钠作抑制剂，氟硅酸钠对石榴石有强烈的抑制作用，而对金红石的抑制作用很小，从而实现了二者的分离。其抑制机理是：氟硅酸钠水解生成胶态硅酸后，在矿物表面产生强烈的吸附，使矿物亲水受到抑制；水解产生的氟化物离子占据了石榴石表面的 Fe^{2+} 和 Al^{3+} 质点，然后 F^- 通过氢键和水作用使表面水化，而阻止了捕收剂的吸附，使其受到抑制。

5.2.3.6 糊精

糊精由淀粉水解形成，性质与淀粉类似，糊精属于大分子有机化合物，含有大量的羟基，因此极其亲水，可作为金红石浮选的抑制剂。

糊精对金红石矿物的抑制作用并不是通过排挤捕收剂的吸附，而是通过氢键作用和静电作用吸附在矿物表面，糊精分子中的亲水基团——羟基使矿物表面形成水化膜，通过自身巨大的亲水性掩盖金红石的疏水性来达到抑制的目的。李晔等人以糊精为抑制剂进行金红石矿物的浮选试验，结果表明，调整矿浆的 pH 值便可使糊精较好地抑制金红石，实现萤石与金红石的浮选分离。阿尔伯塔大学 Francis Chachula 等人为了除去金红石精矿中夹杂的 SiO_2，采用反浮选脱硅，发现各种多糖类抑制剂能选择性抑制金红石，尤其是小麦淀粉效果最为明显。

5.3 钛铁矿浮选

5.3.1 钛铁矿晶体结构及表面性质

钛铁矿是一种 ABO_3 型矿物，Fe 和 Ti 是其晶格中的阳离子，且起相似的作用。沿着晶体的三轴，Fe^{2+} 和 Ti^{4+} 交替排列，形成了垂直于三轴的阳离子层，每个阳离子层由 Fe^{2+} 和 Ti^{4+} 混合形成。因此钛铁矿的浮选行为与其表面晶格中的不饱和 Ti^{4+} 和 Fe^{2+} 在水溶液中的行为以及矿浆中的 pH 值密切相关。

当钛铁矿破碎后，其表面晶格中的 Fe—O 键和 Ti—O 键机械断裂，表面晶格中的 Ti^{4+} 和 Fe^{2+} 处于不饱和状态，倾向于与水中的 OH^- 作用，形成表面羟基化合物，或溶于水中。Fe^{2+} 和 Ti^{4+} 形成表面羟基化合物的能力以及它们在水溶液中的解离度决定了钛铁矿表面的浮选活性。

在酸性介质中，钛铁矿表面的 Fe^{2+} 被选择性溶解，Ti^{4+} 成为其表面的主要活性。在弱酸和碱性介质中，Ti^{4+} 和 Fe^{2+} 主要以其羟基结合物 $Ti(OH)_n^{4-n}$/$Fe(OH)_m^{2-m}$ 存在于钛铁矿的表面。油酸根离子在钛铁矿表面的吸附是替代过程，油酸根离子取代其表面羟基离子而固着于金属活性点。在不同条件下，钛铁矿表面的羟基结合物的浮选活性相差很大。当溶液的 pH 值大于 4 时，Ti^{4+} 的羟基结合物相对稳定，油酸根难以取代其中的羟基而吸附于钛离子上，亚铁离子及其羟基结合物相对活泼，成为表面的主要活性点，但它们与油酸根离子作用于不同的 pH 值区间，Ti^{4+} 作用于强酸介质（pH 值为 2~3），Fe^{2+} 作用于弱酸和弱碱性 pH 值区间。

钛铁矿（$FeTiO_3$）通常被认为是一种难选性矿物，钛铁矿矿物表面的钛和铁不可同时作为活性质点；相比于其他矿物而言，钛铁矿表面的活性位点少了一半。钛铁矿溶液化学组分研究已经表明，在酸性条件下钛铁矿表面主要的活性位点为钛及其系列羟基化合物，在弱酸性及碱性条件下，活性位点为铁及其系列羟基化合物。为了增强钛铁矿的表面活性，目前主要通过引入外来离子和表面氧化两种方法来实现钛铁矿的活化浮选。

5.3.2　钛铁矿浮选捕收剂及作用机理

钛铁矿是一种重要的钛资源，由于钛铁矿具有强磁性，主要采用磁选方法回收，浮选则是回收细粒级钛铁矿的有效方法，且能减少钛铁矿物的流失，已成为钛铁矿选别的重要方法。

对于钛铁矿的浮选而言，最关键的是浮选药剂，而浮选药剂研究的重难点是捕收剂的选择与使用。钛铁矿捕收剂的研究主要围绕常规捕收剂和新型组合捕收剂开展。常规的浮选捕收剂和金红石类似，主要包括脂肪酸类、膦酸类、胂酸类和羟肟酸类捕收剂，新型组合捕收剂则有针对性地对捕收剂进行优化改性及组合而来，兼并较好的捕收性和选择性。

5.3.2.1　脂肪酸类捕收剂

脂肪酸类捕收剂是最早用来选别钛铁矿的捕收剂，常用的脂肪酸类捕收剂有油酸及其盐类、塔尔油、氧化石蜡皂三大类，其捕收效果好且廉价易得，但对脉石也具有较强的捕收性，对钛铁矿的选择性差，故该类捕收剂适用于浮选脉石种类单一的钛铁矿。

油酸钠作为捕收剂浮选钛铁矿时，发现钛铁矿表面的 Fe^{2+} 不稳定，易被氧化成 Fe^{3+}，油酸根与矿物表面的 $Fe(OH)_3$ 发生化学交换或电化学反应，形成难溶的油酸铁化合物实现钛铁矿的浮选。Fan 等人发现在弱酸性和弱碱性的 pH 值区间，油酸根离子取代钛铁矿表面的亚铁离子羟基络合物中的羟基后固着于金属活性质点上。张国范也认为 pH 值在 6~10 范围内的矿浆中，具有高表面活性的油酸离子-分子，缔合物组分的浓度较大，且油酸钠通过化学吸附在钛铁矿表面形成油酸铁。唐德身等人通过对钛铁矿-钛辉石浮选体系的热力学分析，认为 pH 值在 4~7.5 的范围内，钛铁矿与捕收剂的作用主要取决于 $Fe(OH)^{2+}$ 和 $Fe(OH)_2^+$，此时钛铁矿的浮选行为类似铁氧化物；在 pH 值为 7.5~10.3 附近，主要取决于药剂同 Fe^{2+} 和 $Fe(OH)^{2+}$ 的作用能力。

范先锋等人以油酸钠为捕收剂选别原生块状钛铁矿，在给矿 TiO_2 品位 20% 的情况下，经过"二粗三精"的开路选别，获得了 TiO_2 品位为 36.6%，回收率为 83% 的钛精矿；何国伟等人在对攀枝花微细粒钛铁矿进行浮选工业试验时以乳化塔尔油为捕收剂，对 TiO_2 品位为 23.93% 的强磁选精矿浮选脱硫后再采用"一粗一扫四精"、中矿顺序返回浮选钛，得到 TiO_2 品位为 46.44%，回收率为 60.02% 的钛精矿。

5.3.2.2 膦酸类捕收剂

膦酸类捕收剂浮选钛铁矿的效果比油酸钠好，苯乙烯膦酸是最常用膦酸类捕收剂，捕收能力强且毒性小，但成本昂贵导致其难以在工业上应用，双膦酸型捕收剂经优化后也被应用在钛铁矿浮选中。

有研究认为，膦酸基团中的氧与钛铁矿表面具有未补偿键和弱补偿键的晶格阳离子生成四元环螯合物或难溶化合物，苯乙烯基的离域原子与晶格阳离子的电子相互作用。同时，发现在钛铁矿表面有膦酸盐存在，推断双膦酸型捕收剂与活性质点 Ti 和 Fe 发生化学键合而吸附在钛铁矿表面，钛铁矿表面活性质点与苯乙烯膦酸作用活性的相对大小为 $Fe^{3+} > Fe^{2+} > Ti^{2+}$。

陈正学等人用苯乙烯膦酸作捕收剂处理 TiO_2 品位为 11.30% 的矿石，得到了 TiO_2 品位 46.57%，回收率为 54.27% 的钛精矿。西昌某钛铁矿选厂以苯乙烯膦酸为捕收剂，对 TiO_2 品位为 19.23% 的选铁尾矿进行钛铁矿浮选回收试验，采用"一粗四精"、中矿顺序返回流程，获得了 TiO_2 品位为 48.27%，回收率为 72.96% 的钛精矿。王钊军等人用一种合成的含羟基烷叉双膦酸捕收剂对钛铁矿进行浮选试验研究，获得了 TiO_2 品位为 47.52%、回收率为 75.82% 的钛精矿。

5.3.2.3 肟酸类捕收剂

肟酸根是很好的钛铁矿螯合基团，对钛铁矿有较好的捕收性能和选择性能，苄基肟酸是目前肟酸类捕收剂中浮选钛铁矿效果较好的捕收剂，但由于苄基肟酸有毒性，难以在生产上得到应用。

肟酸类捕收剂与钛铁矿的作用方式主要表现在两方面：一是具有强电负性的肟酸根离子以范德华力吸附在弱电性的钛铁矿表面；二是肟酸根离子与钛铁矿表

面的钛离子发生化学键合，形成溶度积较小的螯合物。苄基肟酸与钛铁矿作用前后的红外光谱测定结果显示，钛铁矿表层生成了苄基肟酸钛和苄基肟酸铁，吸附形式以化学吸附为主，物理吸附为辅。

Song Quanyuan 用苄基肟酸浮选钛铁矿，在给矿 TiO_2 品位为 6%，且仅加入调整剂的情况下，得到 TiO_2 品位为 47.70%、回收率为 57% 的钛精矿。周建国等人采用强磁—浮选流程对攀枝花微细粒级钛铁矿回收和综合利用，获得精矿产率为 29.21%，精矿 TiO_2 品位为 47.31%，回收率为 59.74% 的选别指标。许新邦采用高梯度磁选—浮选流程，对攀钢微细粒钛铁矿（小于 0.045mm）采用苄基肟酸进行了回收试验，当给矿含 TiO_2 11.03% 时，可获得 TiO_2 品位 44.46%、回收率为 45.76% 的指标。

5.3.2.4　羟肟酸类捕收剂

羟肟酸类捕收剂对矿物的选择性及捕收能力都较好，工业生产已取得较好的浮选指标，但是药剂成本较高。

羟肟酸的作用机理从络合化学的角度大致分为两种：一是异构体氧肟酸以 O—O 键与矿物表面金属离子键键合，形成五元环螯合物；二是羟肟酸中 N、O 原子吸附于矿物表面，形成四元环螯合物。

董宏军等人研究了水杨羟肟酸捕收攀枝花钛铁矿的浮选行为，试验结果表明水杨羟肟酸的选择性比苯乙烯膦酸好且药剂用量少。在最适的浮选条件下用水杨羟肟酸作捕收剂浮选钛铁矿和钛辉石的人工混合矿，得到 TiO_2 品位为 46.16%、回收率为 71.65% 的钛精矿。文彦龙等人以椰子油羟肟酸为捕收剂对实际矿物进行粗浮选试验，可获得 TiO_2 品位为 34.99%、回收率为 92.32% 的钛精矿。

5.3.2.5　新型组合捕收剂

捕收剂有效基团在矿物表面的作用形式、药剂间协同作用及作用机理的研究，对药剂分子的优化和组合提供了强有力的理论基础。新型组合捕收剂是利用协同效应结合多种药剂的优势组合而成，兼具有良好的选择性和捕收能力，能获得比单一捕收剂更好的选别指标，且药剂成本也大幅度降低。目前，在钛铁矿的浮选试验中，已涌现出大量新型组合捕收剂及新型药剂，如 MOS、MOH、MPF、ROB、LN、R-1、R-2、YS、H717、GYB+FW、EHHA 等。

MOH 由朱建光等人在 MOS 的基础上研制而成，弥补了 MOS 浮选钛铁矿时用量大、回收率不高的缺陷。攀钢在浮选攀枝花微细粒级钛铁矿时，以硫酸作调整剂、MOH 为捕收剂，72h 工业试验结果显示，在给矿 TiO_2 品位为 18.32% 的情况下获得了钛精矿 TiO_2 品位为 47.51%，回收率为 77.66% 的较好指标。

LN 为一系列新型捕收剂，由脂肪酸、醇胺类有机物以及有机酸酐等为主要原料合成。研究结果表明，该系列捕收剂在工业中的应用效果较好，在矿物表面均存在物理吸附和化学吸附，但在钛铁矿表面的化学吸附较强，有利于实现钛铁矿与脉石矿物间的浮选分离。田建利等人用 LN 系列作为捕收剂，浮选钛铁矿的单矿物和人工混合矿。试验结果表明，当该系列捕收剂用量大于 60mg/L 时，对钛铁矿的回收率均超过 80%；对于 TiO_2 品位为 20.54% 的人工混合矿，在不添加任何抑制剂的条件下，经过一次粗选，TiO_2 品位就能达到 40%。

MPF 由五类药剂合理调配而成，五类药剂在选别效果上各具优势，且相互间具有协同效应，能保证浮选钛铁矿时既有高的回收率，又能获得经济指标较高的钛精矿品位。陶章明等人对龙蟒二选厂矿样进行 MPF 与 MOH 对比试验研究，闭路结果表明，采用 MPF 钛精矿 TiO_2 含量为 46.03%，回收率为 81.53%，与 MOH 闭路钛精矿 TiO_2 含量为 45.26%，回收率为 77.60% 相比，采用 MPF 获得的钛精矿指标高于 MOH。

YS-1 由四川有色金砂选矿药剂公司自主研发，官长平等人采用 YS-1 作捕收剂，硫酸作调整剂，柴油辅助捕收，在攀枝花某选厂生产线上进行 72h 工业试验，结果表明：在原矿性质相近的情况下，YS-1 作捕收剂得到的钛精矿 TiO_2 品位为 47.21%。

R-2 由攀钢矿业公司设计研究院和攀钢钛业公司共同研发，用于浮选攀钢选钛厂的微细粒级钛铁矿（原矿 TiO_2 品位为 21%），可获得 TiO_2 品位为 47.5%、回收率为 70% 的钛精矿。采用 R-2 浮选 TiO_2 品位为 33% 左右的承德黑山微细粒钛精矿，得到 TiO_2 品位在 47% 以上，开路回收率在 65% 以上的钛精矿。

ROB 是长沙矿冶研究院研发的，以混合脂肪酸为主要原料的一种含羧基和羟基等极性基团的阴离子型捕收剂，具有较好的选择性。表面电性和红外光谱分析可知，ROB 在矿物表面发生的是化学吸附。用其浮选 TiO_2 品位为 21.62% 的攀枝花微细粒级钛铁矿，得到 TiO_2 品位为 48.41%、回收率为 75.03% 的钛精矿。

H717 是沈阳有色金属研究院研发的钛铁矿浮选捕收剂，工业应用效果较好，具有较强的捕收能力和良好的选择性。

GYB 是广州有色金属研究院研发的钛铁矿浮选捕收剂，捕收剂中的键合氧原子能够与 Fe、Ti 离子发生键合作用，在钛铁矿表面生成疏水性螯合物，增大矿物的可浮性。陈斌采用 FW 与 GYB 组合捕收剂对攀枝花钛铁矿浮选，对品位为 22.23% 的 TiO_2 给矿，开路试验获得 TiO_2 品位 49.41%、回收率 64.72% 的钛铁矿精矿；小型闭路试验获得钛铁矿精矿 TiO_2 品位 47.43%、回收率 86.19% 的良好指标；GYB 与 FW 组合使用存在协同作用，增强了对钛铁矿的捕收能力。

5.3.3 钛铁矿浮选调整剂及作用机理

在钛铁矿浮选过程中常使用调整剂来改变钛矿物表面物理化学性质、改善捕收条件、提高选别指标。橄榄石、角闪石和绿泥石等脉石矿物对钛铁矿的浮选会产生不利的影响，pH 调整剂、活化剂和抑制剂的研究在浮选过程中也显得尤为重要。

5.3.3.1　pH 调整剂

钛铁矿的浮选中，硫酸是最常用的 pH 调整剂，研究认为硫酸具有以下 3 方面作用：（1）作为 pH 调整剂；（2）改变钛铁矿颗粒表面质点分布密度；（3）在钛铁矿表面发生特性吸附，改变双电层，活化铁铁矿的可浮性。

余德文等人研究发现在钛铁矿的选别中，H_2SO_4 不仅是 pH 调整剂，还可作为活化剂。SO_4^{2-} 和 HSO_4^- 在钛铁矿表面存在物理吸附与化学吸附兼并的特殊吸附，这种吸附强烈地改变了钛铁矿-水界面的双电层。经稀 HSO_4^- 溶液处理后，钛铁矿表面 Fe 的 $2p_{2/3}$ 轨道光电子束缚能增大，表面的 Fe^{2+} 氧化成 Fe^{3+}，增强了钛铁矿与捕收剂的附着力使钛铁矿得到活化。同时，针对原生细粒钛铁矿抑制浮选使得捕收剂消耗较大，对于降低选矿成本不利的问题，进行了深入研究。研究表明：H_2SO_4 和 Pb^{2+} 对钛铁矿有较好的活化作用。以 H_2SO_4 为 pH 调整剂，Pb^{2+} 为活化剂，复配脂肪酸皂为捕收剂，在不添加任何抑制剂的情况下，实现了钛铁矿与脉石矿物的良好分离。在给矿 TiO_2 品位 21.96% 的攀枝花选钛厂微细粒浮选能获得精矿 TiO_2 品位为 47.82%、回收率为 63.25% 的精矿产品。

5.3.3.2　活化剂

钛铁矿浮选中常用的活化剂主要为硝酸铅。钛铁矿的活化剂能让钛矿物表面易于吸附捕收剂，即在钛矿物表面生成促进捕收作用的薄膜。研究发现引入 Pb^{2+} 吸附于钛铁矿表面双电层，可以增强钛铁矿的表面活性，活化钛铁矿的浮选，加强了油酸根离子的附着。Chen 等人对铅离子活化钛铁矿进行了深入的探讨，研究结果表明，Pb^{2+} 可以显著提高钛铁矿的可浮性，铅的一羟基化合物为主要的活性组分与钛铁矿矿物表面的活性位点—羟基铁发生化学反应，形成 Fe-O-Pb 复合物，由于油酸铅的溶度积常数小于油酸亚铁，因此 Pb^{2+} 改性的钛铁矿更易于与捕收剂相互作用。此外，Pb^{2+} 在钛铁矿表面的物理吸附同样增加了钛铁矿矿物表面的活性质点，强化了钛铁矿的可浮性，电位测试和 XPS 检测均证实了这一结论。

邓陈雄等人对广西某重选和磁选得到的钛铁矿尾矿进行浮选试验研究，以硝酸铅为活化剂、硫酸和水玻璃为调整剂、油酸钠为捕收剂，经过"一粗三精两扫"的选别，获得 TiO_2 品位为 46.96%、回收率为 71.81% 的钛精矿。

Cu^{2+} 作为活化剂活化钛铁矿浮选近几年才有所报道，相关研究表明 Cu^{2+} 可以有效活化钛铁矿的浮选，纯矿物实验表明其浮选回收率可以提高 20% 以上，实际矿的实验结果同样表明，Cu^{2+} 活化后钛铁矿的可浮性具有明显提高，在精矿品位略有降低的情况下其浮选回收率得到明显提升。Cu^{2+}活化钛铁矿浮选的主要机理为：加入的 Cu^{2+} 以离子交换、羟基络合物吸附和氧化还原反应吸附于钛铁矿表面，促使部分 Fe^{2+} 转化为 Fe^{3+}，在增加了活性位点的同时又改变了矿物表面活性点的价态，进而强化了钛铁矿的浮选分离。

5.3.3.3 抑制剂

在浮选钛铁矿时，抑制剂的加入可降低有害杂质的可浮性，并阻止其上浮。目前，钛铁矿浮选常用抑制剂有羧甲基纤维素（CMC）、水玻璃、酸化水玻璃、草酸等。

魏志聪等人研究了 CMC 对钛铁矿和钛辉石抑制作用的影响。结果表明，矿浆中 CMC 的存在会使钛铁矿和钛辉石的 Zeta 电位降低，但钛铁矿和钛辉石之间存在竞争吸附，两者共存时，钛辉石对 CMC 吸附量明显大于钛铁矿，故能使钛铁矿和钛辉石得到有效地分离。

谢建国等人用新型捕收剂浮选钛铁矿，比较了草酸、水玻璃、改性水玻璃、羧甲基纤维素对脉石矿物的抑制效果，结果表明草酸和改性水玻璃抑制效果较好。徐翔等人研究则表明，以 SYB 为捕收剂，CMC 抑制剂的效果优于水玻璃、氟硅酸钠、草酸和腐殖酸钠等抑制剂。有研究表明，加入水玻璃等抑制剂后，钛辉石的上浮率显著下降，是因为钛辉石的零电点很低，在浮选矿浆 pH 值为 4~6 时，钛辉石表面电荷为负电。因此，带正电的聚硅酸溶胶吸附在钛辉石表面上，使其亲水，可浮性降低。草酸的抑制作用被认为是草酸根中的羧基与金属离子形成稳定的配合物，固着在矿物表面，形成亲水罩盖膜。

谢泽君等人采用 CMC 和水玻璃作抑制剂、H_2SO_4 作 pH 调整剂、MOS 作捕收剂，对攀枝花微细粒级钛铁矿采用"一粗一扫四精"中矿顺序返回的闭路流程，在给矿 TiO_2 品位 23.13% 的情况下，可获得 TiO_2 品位 47.3%，回收率 59.74% 的钛精矿。周军等人用油酸与水杨羟肟酸 3∶1 混用作为捕收剂，水玻璃、六偏磷酸钠与酸化水玻璃分别作为抑制剂处理钛铁矿和钛辉石，结果表明，三者对钛辉石均有抑制作用，但酸化水玻璃对钛辉石抑制作用最强，且均不影响钛铁矿的浮选。

5.3.4 钛铁矿浮选新技术

针对钛铁矿细粒含量高的特点，为强化微细粒级钛铁矿的回收效果，采用疏水聚团浮选、选择性絮凝分选、团聚浮选及载体浮选等细粒处理工艺及微波处理等强化措施在钛铁矿分选中进行了探索和尝试。

5.3.4.1 疏水聚团浮选

疏水聚团浮选是基于悬浮在溶液中的疏水性颗粒，由于疏水作用互相吸引产生聚集成团的现象，形成的疏水聚团具有选择性高、过程可逆且致密的结构。崔吉让等人考查了疏水聚团浮选对攀枝花微细粒铁钛矿的作用效果；孙宗华等人采用疏水聚团浮选技术处理给矿含 TiO_2 为 9.84%、-0.04mm 的粒级占 70% 的攀枝花钛铁矿，以苄基胂酸为捕收剂、氟硅酸钠为抑制剂，得到 TiO_2 品位 45.79%、回收率 50.52% 的钛精矿。两人的研究均表明，疏水絮凝是一种有效分选细粒钛铁矿的方法，非极性油的添加量和机械搅拌时间对细粒铁钛矿的分选影响也较大。

5.3.4.2　选择性絮凝浮选

选择性絮凝浮选是基于高分子桥联作用和颗粒间疏水作用两种机制，增大细粒级矿物的表观粒径，即添加高分子絮凝剂后选择性的吸附在目的矿物表面，通过桥联作用使其絮凝沉降，从而实现目的矿物与脉石矿物分离。陈葛、钟宏等人考查了聚丙烯酰胺等高分子聚合物在钛铁矿和长石上的吸附特性、絮凝行为及其机理，处理钛铁矿和长石混合矿时，获得了 TiO_2 品位为 45.27%，回收率为 89.59% 的钛精矿。可见高分子与捕收剂联用是处理细粒钛铁矿的一种比较有效的方法。

5.3.4.3　乳化浮选

乳化浮选是经表面活性剂处理后的细粒矿物，加入中性油在调浆和强烈搅拌条件下，形成带矿的油状泡沫，在油-水界面进行分选的选矿方法。国外钛铁矿的浮选通常使用脂肪酸类和燃料油联用浮选，如芬兰 Otanmaki 选矿。该厂利用不脱泥的方法，以塔尔油为捕收剂、燃料油为辅助捕收剂、Etoxolp-19 为乳化剂，在长时间搅拌条件下，实现了钛铁矿的油药混合浮选，并得到比用单一塔尔油脱泥浮选更好的效果，而且粒度越细，所需燃料油比例越大。

5.3.4.4　载体浮选

载体浮选是以粗粒级为载体，背负微细粒级矿物，形成粗粒与微细粒的团聚体，进而实现分选的选矿方法。董宏军、陈正学等人研究了微细粒钛铁矿的自载体浮选，以钛铁矿作载体来处理难浮选粒级，用苯乙烯膦酸作捕收剂时，开路流程自载体浮选的回收率比常规浮选高 26.84%，精矿 TiO_2 品位高 2.11%；谢建国采用自载体浮选技术对攀枝花-0.019mm 粒级铁钛矿进行了探索性研究，试验结果表明，将比例小于 40% 的强磁精矿（小于 0.019mm）搭配进粗粒强磁选机精矿中混合浮选，能得到精矿 TiO_2 品位在 47% 以上，作业回收率为 61%~71% 的浮选指标。

5.3.4.5 油团聚

油团聚即向水悬浮液中添加非极性油，以油为桥联剂使疏水的微细矿粒互相黏附形成球团，再加以分离回收的选矿方法。陈万雄、朱德庆等人研究了细粒钛铁矿油团聚体系中各种因素的影响，对钛铁矿和长石按 1：1 组成的人工混合矿，采用油团聚淘析法和油团聚浮选法均得到良好的效果，后者中性油用量可大幅降低。中性油在细粒钛铁矿表面的作用机理以及细粒钛铁矿的油团聚动力学均有报道。一般认为，中性油分子能与吸附在钛铁矿表面的捕收剂非极性基团缔合，提高了钛铁矿表面的疏水性，改善了浮选的效果。

5.3.4.6 微波浮选

范先锋将微波能作为一种预处理技术用于铁铁矿选矿，研究了其在磨矿、磁选和浮选中的应用，研究表明，微波辐射可以促进矿物的粒间解离，提高钛铁矿的磁分离效率，同时，微波预处理加速了钛铁矿表面亚铁离子氧化成三价铁离子，强化了油酸根离子的吸附，从而提高了钛铁矿回收率。解振超等人研究了不同辐射时间、功率等条件下微波辐射对钛铁矿纯矿物浮选效果的影响，研究表明经过微波辐射预处理钛铁矿可浮性在一定程度上得到提高。

5.4 锆石浮选

选别锆石的传统流程主要是重选—磁选—电选联合流程，浮选法常作为锆精选的辅助方法，目的是脱除一些难分离的杂质矿物。

锆石属正硅酸盐类矿物，零电点 pH 值为 5~6.05（在个别情况为 2.5）。采用阴离子和阳离子捕收剂时，锆石均能得到较好的回收。常用阴离子捕收剂有油酸、油酸钠、环烷酸、氧化石蜡皂及肥皂等脂肪酸类捕收剂；常用阳离子捕收剂为 N-烷基丙撑二胺、磺化琥珀酰胺酸盐等胺类捕收剂。当采用油酸钠，在碱性pH 值范围内浮选锆石时，常用碳酸钠作为调整剂，硫化钠和重金属盐类（氯化锆、氯化铁）作为锆石的活化剂，硅酸钠、硫酸铝和淀粉为抑制剂；当采用胺类捕收剂，在酸性 pH 值范围内浮选时，锆石会被硫酸盐、磷酸盐和草酸盐等阴离子活化；当采用混合（阴、阳离子）捕收剂时，在酸性 pH 值的条件下，氟硅酸钠可作锆石的抑制剂。

水玻璃可作锆石浮选的调整剂。当用阴离子捕收剂，而水玻璃浓度较低（0.1kg/t 左右）时，水玻璃是脉石的有效抑制剂，并对锆石有轻微的活化作用；当浓度较高（1kg/t 左右）时，它会对锆石浮选起抑制作用。但向岩松在对钛铁矿和锆石分离研究中发现，在混合脂肪酸作为捕收剂，碳酸钠作为抑制剂情况下，加入大量硅酸钠（4kg/t），能较好抑制钛铁矿，有利于锆石的浮选，研究中指出水玻璃水解生成的 $HSiO_3^-$ 与锆石表面的 Zr^{4+} 作用形成一种新化合物，即复式硅酸盐 $Zr(SiO_3)_n$，同时 $HSiO_3^-$ 离子被吸引至双电层发生化学反应生成 $ZrSiO_3^{2+}$，吸附到锆石表面，使其表面带正电，从而有利于与脂肪酸阴离子捕收剂相互作用时，脂肪酸捕收剂与锆石表面 Zr^+ 离子发生化学反应，生成金属脂肪酸盐表面沉淀，正是这种金属脂肪酸盐的生成，导致锆石的上浮。

高玉德等人对含 TiO_2 为 12.13%、ZrO_2 为 35.87%、TR_2O_3 为 6.12% 的海滨砂矿粗精矿，在碳酸钠 4000g/t、水玻璃 4000g/t、煤油 20g/t、肥皂 3000g/t，高碱介质（pH≥11）条件下，一次粗选，获得 ZrO_2 浮选回收率为 87.95%、TR_2O_3 为 85.71%、TiO_2 为 0.55% 的混合精矿，再采用干式磁选就可获得高质量的锆石和独居石精矿，不仅简化了精选工艺流程，还提高了锆石和独居石品位及回收率。

牛玉勤等人采用北京矿冶研究总院研制的锆石捕收剂烷基-α-羟基 1，1-二膦酸钠（BS）对含 ZrO_2 为 32.64%、TiO_2 为 14%、SiO_2 为 30% 以上的海滨砂矿粗精矿，采用"一粗一扫二精"流程，粗选作业药剂制度为硫酸：4000g/t、新型捕收剂 BS-1：1200g/t、抑制剂 DS-1：140g/t、水玻璃：260g/t，扫选作业药剂制度为 BS-1：200g/t、抑制剂 DS-1：95g/t、水玻璃：120g/t，取得了锆精矿含 ZrO_2 为 65.18%、回收率为 72.01% 的工业试验指标。

某大型碱性花岗岩型钽铌锆矿床矿石中主要有用矿物为钛铌易解石、钽铌铁矿、锆石、独居石等，嵌布粒度细，彼此复杂嵌布，且与脉石矿物呈互含或紧密连生关系，彼此之间解离性较差。矿石中有用矿物化学成分复杂，物理性质变化大，可浮性相近，绝大多数重矿物都具磁性，尤其是锆石因含有数量不等的铁，致使其磁性变化大，给矿物的富集和分离带来极大的困难。单一重选、磁选或浮选很难获得合格的钽铌、锆产品，且回收率低。高玉德等人采用钽铌锆混合浮选，较大幅度地提高回收率，混合精矿可通过冶炼分离。原矿中 Nb_2O_5、Ta_2O_5 和 ZrO_2 的品位分别为 1.17%、0.046% 和 3.12%，试样采用细磨—脱泥后，以碳酸钠（1000g/t）作为调整剂，水玻璃（500g/t）作为脉石抑制剂，硝酸铅（750g/t）作为铌锆矿物的活化剂，苯甲羟肟酸 GYB+FW（850g/t）作为铌锆矿物的混合捕收剂，经过"一粗两精一扫"、中矿顺序返回、钽铌锆混合浮选闭路流程（见图 5-5），最终可获得 Nb_2O_5、ZrO_2、Ta_2O_5 品位分别为 9.43%、24.95%、0.36%，回收率分别为 77.37%、76.77%、75.13% 的钽铌锆混合精矿。

Bulatovic 和 De Silvio 应用改性的磺化琥珀酰胺酸盐为基础的捕收剂，H_2SiF_6、草酸和 Na_2SiO_3 作为抑制剂在强酸性介质中，从锡石精矿中浮选分离锆石和钽铌铁矿，并获得了很好的结果。

卢文光等人通过采用 N-烷基丙撑二胺和阴离子捕收剂 S893 反应生成的混合捕收剂成功分离了锆石和金红石。

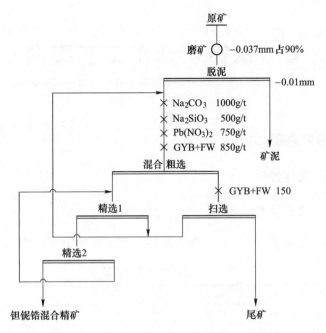

图 5-5 某大型碱性花岗岩型钽铌锆矿混合浮选流程

对于斜锆石的分选，国内基本上无斜锆石矿，国外的研究也较少，其中贝洛博罗多夫针对科拉半岛科夫多尔矿床含有斜锆石的复杂矿石提出了重选抛尾—反浮选—硫化矿浮选—斜锆石优先浮选的流程，并获得了良好的经济指标。该矿石经重选除去部分轻矿物后，与斜锆石密度相近的硫化矿（黄铁矿、磁黄铁矿）和烧绿石进入斜锆石精矿中，同时精矿中还含有一些相对较轻的矿物（镁橄榄石、磷灰石和碳酸盐）。以脂肪酸作捕收剂、水玻璃作斜锆石的抑制剂将磷灰石和碳酸盐浮选上来，获得的尾矿再以三聚磷酸钠作斜锆石的抑制剂，丁黄药作硫化矿的捕收剂，调整矿浆 pH 值为 4.5，浮选得到不含硫化矿的斜锆石精矿。对斜锆石精矿以碳链 $C_{10} \sim C_{18}$ 的粗脂肪醇碱式亚磷酸盐的单-双乙醚的混合物作斜锆石的捕收剂，三聚磷酸钠作调整剂，同时调整 pH 值至 5~6，进一步除杂，浮选最终得到品位为 90.12% 的斜锆石精矿。

6 钛锆矿选矿工艺实例

6.1 海滨砂矿选矿

6.1.1 工艺矿物学分析

6.1.1.1 原矿物质组成

某海滨砂矿原矿多元素分析结果见表6-1，原矿矿物定量检测结果见表6-2。矿

表 6-1 原矿多元素分析结果　　　　　　　　（%）

元素	TiO_2	FeO_2	Fe_2O_3	ZrO_2	HfO_2	REO	$CaCO_3$	SiO_2
含量	4.92	2.79	10.65	0.59	0.012	0.05	33.43	34.47
元素	Al_2O_3	MgO	K_2O	Na_2O	U	Th	P	
含量	4.48	3.35	0.85	1.41	0.005	0.005	0.092	

表 6-2 原矿矿物定量结果　　　　　　　　（%）

矿物	含量	矿物	含量	矿物	含量
钛铁矿	4.096	黑云母	0.430	铁白云石	0.102
金红石	0.655	辉石	1.153	磷灰石	1.141
白钛石	0.729	角闪石	3.220	尖晶石	0.004
钛磁铁矿	0.620	电气石	0.089	镉尖晶石	0.005
赤铁矿	9.712	绿帘石	4.342	铁尖晶石	0.002
榍石	1.337	黝帘石	0.119	独居石	0.015
锆石	0.822	褐帘石	0.022	磷钇矿	0.006
钽铌铁矿	0.001	石榴石	1.200	钍石	0.003
石英	20.045	十字石	0.005	磷铝锶石	0.005
钠长石	7.942	绿泥石	0.881	刚玉	0.006
斜长石	1.709	滑石	0.011	黄铁矿	0.101
正长石	2.846	黄玉	0.006	合计	100.000
白云母	2.488	矽线石	0.148		
方解石	32.510	白云石	1.472		

石中主要含钛矿物为钛铁矿、金红石、白钛石、钛磁铁矿和榍石；锆矿物为锆
石；其他金属氧化矿物有钛磁铁矿、赤铁矿和微量钽铌铁矿；脉石矿物主要为方
解石和石英，其次是长石、绿帘石、角闪石、云母、白云石、石榴石、辉石、绿
泥石等。

6.1.1.2 主要矿物的粒度分布

原矿筛分分析结果见表6-3，主要矿物的粒级分布见表6-4。有价矿物锆石、
钛铁矿、赤铁矿、金红石等均主要集中在-0.1+0.043mm，粒度分布区间较窄，
对分选较为有利。钛铁矿、赤铁矿、锆石粒度分布相近，金红石与白钛石粒度分
布相近。

表6-3 原矿筛分分析结果

粒级/mm	产率/%	品位/%		回收率/%	
		Zr(Hf)O$_2$	TiO$_2$	Zr(Hf)O$_2$	TiO$_2$
+0.5	0.25	0.031	0.82	0.01	0.04
-0.5+0.3	0.99	0.031	0.86	0.05	0.17
-0.3+0.2	7.39	0.109	0.96	1.32	1.43
-0.2+0.1	49.92	0.214	1.09	17.45	10.97
-0.1+0.074	25.05	1.020	9.65	41.74	48.74
-0.074+0.043	11.29	1.090	11.25	20.11	25.61
-0.043	5.11	2.310	12.63	19.32	13.04
合计	100.00	0.612	4.95	100.00	100.00

表6-4 主要矿物的粒度分布

粒级/mm	粒级分布/%				
	钛铁矿	锆石	金红石	白钛石	赤铁矿
-0.16+0.08	16.29	15.06	22.83	23.50	13.92
-0.08+0.04	67.50	77.96	38.88	40.10	72.41
-0.04+0.02	10.74	5.69	18.46	15.19	9.59
-0.02+0.01	3.16	1.00	12.69	9.76	2.25
-0.01	2.31	0.29	7.14	11.45	1.83
合计	100.00	100.00	100.00	100.00	100.00

6.1.1.3 主要矿物嵌布状态和矿物学特性

A 钛铁矿

钛铁矿（FeTiO$_3$）呈板状晶，铁黑色，磨圆度较高，呈圆粒状、次圆状，粒

度较均匀。本砂矿中的钛铁矿密度 4.72g/cm³，莫氏硬度 5~6，具有电磁性，大部分在 400~550mT 场强下进入磁性产品。钛铁矿化学成分主要为铁和钛，理论化学成分：TiO_2 为 52.66%、FeO 为 47.34%。该矿石钛铁矿中多数为单体，但也有相当多的钛铁矿中有磁铁矿片晶，也常见钛铁矿中含石英、长石、磷灰石等脉石矿物包裹体，采用能谱随机测定钛铁矿颗粒微区化学组成，测定结果见表 6-5。从测定结果可见：该钛铁矿普遍含锰，部分钛铁矿含脉石矿物包裹体而含镁、钙、磷、硅、铝等杂质。由于钛铁矿中含条纹状磁铁矿和石英、磷灰石等脉石矿物包裹体和连生体，单矿物平均含钛量比能谱微区分析值低，钛铁矿单矿物分析：TiO_2 为 49.15%、Fe 为 36.32%。

表 6-5　钛铁矿微区化学成分能谱分析结果　　　　　　　　（%）

测点	化学组成及含量							
	FeO	MnO	TiO_2	CaO	MgO	P_2O_5	SiO_2	Al_2O_3
1	46.35	1.04	47.48	0.00	5.12	0.00	0.00	0.00
2	42.92	2.55	54.54	0.00	0.00	0.00	0.00	0.00
3	43.52	4.54	51.50	0.00	0.00	0.00	0.45	0.00
4	38.47	0.00	59.59	0.92	0.00	0.57	0.45	0.00
5	45.98	1.34	52.39	0.00	0.00	0.00	0.18	0.12
6	43.25	1.19	55.15	0.00	0.00	0.00	0.29	0.11
7	47.21	0.95	50.59	0.00	1.25	0.00	0.00	0.00
8	47.37	3.49	45.91	0.00	3.23	0.00	0.00	0.00
9	44.34	3.96	50.85	0.23	0.00	0.00	0.62	0.00
10	39.86	4.76	54.94	0.00	0.00	0.00	0.44	0.00
11	44.16	2.41	53.11	0.00	0.00	0.00	0.33	0.00
12	40.22	7.46	51.87	0.21	0.00	0.00	0.23	0.00
13	35.43	10.00	54.12	0.21	0.00	0.00	0.24	0.00
14	49.16	0.17	50.09	0.00	0.00	0.00	0.58	0.00
15	39.20	8.40	52.23	0.00	0.00	0.00	0.18	0.00
平均	43.16	3.48	52.29	0.10	0.64	0.04	0.27	0.02

B　赤铁矿/钛赤铁矿

该矿砂中磁铁矿已基本蚀变为赤铁矿（Fe_2O_3），该矿砂中赤铁矿矿物含量为 9.712%。赤铁矿由磁铁矿氧化蚀变生成，呈带褐色的黑色，次圆状，常见较多溶蚀孔洞。莫氏硬度 5~6，密度 5.2g/cm³。具有弱磁性，根据氧化程度和含钛量不同，磁性变化较大，在 200~500mT 场之间。采用扫描电镜能谱仪对该赤铁矿进行微区化学成分检测，测定结果见表 6-6。本矿石中赤铁矿含数量不等的钛，部分赤铁矿含钒。

表 6-6 赤铁矿化学成分能谱分析结果 （%）

测点	化学成分及含量										
	Fe_2O_3	TiO_2	MnO	V_2O_5	CaO	SiO_2	Al_2O_3	MgO	Cr_2O_3	K_2O	P_2O_5
平均	91.49	6.23	0.25	0.28	0.17	0.68	0.69	0.12	0.04	0.01	0.03

C 金红石

该砂矿中金红石（TiO_2）呈次磨圆粒状至圆粒状，颜色变化较大，呈暗红、褐红至黑色，一般随含铁量增加颜色变深，金刚光泽至半金属光泽（见图 6-1）。金红石密度 4.2~4.4g/cm³，莫氏硬度 6.0~6.5。具极弱电磁性，在 1600~2000mT 场强下进入磁性产品，具有导电性，在电选过程进入导体产品。金红石理论化学成分为 TiO_2 100%，常含类质同象或机械混入的杂质等。该矿石中金红石化学成分能谱分析测定结果见表 6-7。该金红石含铁、钙、钾、铝、硅及铌等杂质，平均 TiO_2 含量 96.55%。金红石中有少数含磁铁矿或云母包裹体，这部分金红石具有磁性，易进入铁钛精矿。

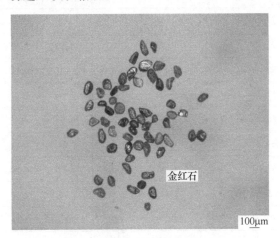

图 6-1 体视显微镜放大 40 倍矿砂中金红石

表 6-7 金红石化学成分能谱分析结果 （%）

测点	化学组成及含量							
	FeO	TiO_2	CaO	K_2O	Nb_2O_5	SiO_2	Al_2O_3	MgO
1	0.00	97.50	1.76	0.00	0.00	0.74	0.00	0.00
2	0.60	99.40	0.00	0.00	0.00	0.00	0.00	0.00
3	0.81	97.35	0.00	0.00	0.65	1.19	0.00	0.00
4	1.94	90.55	0.20	0.22	0.80	3.28	1.97	1.04
5	0.59	97.96	0.00	0.00	1.10	0.35	0.00	0.00
平均	0.79	96.55	0.39	0.04	0.51	1.11	0.39	0.21

D　白钛石

白钛石并非固定化学组成和晶体结构的矿物，而是氧化钛、氧化铁、二氧化硅、氧化铝等多相微粒的集合体，由钛铁矿、榍石或金红石等钛矿物受表生作用和热液作用蚀变生成。白钛石颜色变化较大，呈灰黑色、灰色、褐黄色、黄色、浅黄色等，色泽比钛铁矿暗，质地较松散，成分不均匀。白钛石的硬度和密度均随成分和结构变化较大，磁性和导电性也变化较大，一般磁性、导电性弱于钛铁矿。白钛石的化学成分能谱分析测定结果见表6-8，从表中可见，白钛石化学成分较复杂并变化较大，除含钛、铁之外，含较高硅、铝以及镁、钾、磷、锰等杂质，白钛石平均含 TiO_2 70.63%。

表6-8　白钛石化学成分能谱分析结果　　　　　　　　　　（%）

测点	化学组成及含量								
	FeO	TiO_2	CaO	K_2O	P_2O_5	SiO_2	Al_2O_3	MgO	MnO
1	8.71	64.28	0.92	0.57	0.00	12.91	9.50	3.11	0.00
2	1.82	77.78	0.87	1.65	0.42	10.23	6.55	0.67	0.00
3	6.30	72.77	0.00	0.59	0.00	10.73	5.87	3.74	0.00
4	17.52	82.48	0.00	0.00	0.00	0.00	0.00	0.00	0.00
5	16.04	57.76	10.87	0.00	0.00	12.99	2.33	0.00	0.00
6	3.78	66.31	7.97	1.12	5.27	10.07	4.47	1.02	0.00
7	31.42	61.87	2.88	0.00	0.00	3.71	0.00	0.00	0.12
8	6.59	67.07	0.41	0.50	0.00	16.10	6.56	2.78	0.00
9	7.66	85.37	0.64	0.06	0.38	2.75	2.23	0.91	0.00
平均	11.09	70.63	2.73	0.50	0.67	8.83	4.17	1.36	0.01

E　锆石

该砂矿中锆石 $(Zr, Hf)[SiO_4]$ 颜色为无色透明，少数含铁而呈铁锈黄色，晶形为四方柱与四方双锥的聚形，具有一定磨圆度、玻璃光泽、断口油脂光泽、不平坦断口或贝壳状断口（见图6-2）。硬度 7.5~8，密度 4.4~4.8g/cm³，无磁性、非导体。锆石表面多见程度不同的铁染现象。采用扫描电镜能谱随机测定锆石颗粒化学成分的测定结果见表6-9。能谱测定结果表明，该矿石中锆石含铪较高，达到锆精矿中铪综合回收的品位要求，此外，锆石中普遍含少量铁（表面或裂隙中铁染），但不含稀土。在矿砂中锆石绝大多数为单体，少量锆石含石英、钠长石、磷灰石等包裹体。锆石单矿物分析：ZrO_2 64.77%、HfO_2 1.35%。

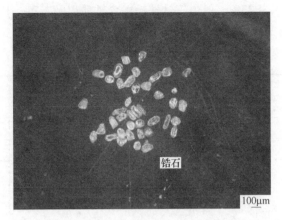

图 6-2　体视显微镜放大 50 倍矿砂中锆石

表 6-9　锆石化学成分能谱分析结果　　　　　　　　（%）

测点	化学组成及含量			
	ZrO_2	HfO_2	FeO	SiO_2
1	65.35	1.57	0.39	32.69
2	65.35	1.50	0.37	32.78
3	65.53	1.31	0.45	32.70
4	64.91	1.55	0.84	32.70
5	65.12	1.56	0.72	32.61
6	65.47	1.33	0.47	32.73
7	65.20	1.45	0.64	32.70
8	65.49	1.26	0.54	32.71
平均	65.30	1.44	0.55	32.70

6.1.1.4　主要有价金属赋存状态

A　钛的赋存状态

在原砂矿物定量的基础上，分离单矿物作 TiO_2 的化学分析，作出钛在各主要矿物中的分配见表 6 10。本矿砂中钛矿物和含钛矿物种类饶多，钛的平衡分配表明，原砂中钛铁矿中钛占原砂总钛的 41.31% 左右，金红石中钛占原砂总钛的 12.97%，白钛石中钛占原砂总钛量的 10.56%，硅酸盐矿物榍石中的钛占原砂总钛的 10.14%，以分散方式存在于磁铁矿中的钛占原砂总钛的 1.70%，以分散方式存在于赤铁矿中钛占原砂总钛 12.06%，以微细包裹体存在于辉石、石英等脉石矿物中的钛占原砂总钛的 11.26%。钛铁矿理论回收率在 41% 左右，金红石和白钛石理论回收率为 23%。但由于钛铁矿中含铁质以及石英、长石、磷灰石等包裹体，钛铁矿精矿最高品位只能达到 49% 左右。

表 6-10   钛在主要矿物中的平衡分配

矿物	矿物含量/%	TiO_2/%	分配率/%
钛铁矿	4.096	49.15	41.31
金红石	0.655	96.55	12.97
白钛石	0.729	70.63	10.56
榍石	1.337	36.96	10.14
钛磁铁矿	0.620	13.37	1.70
赤铁矿	9.712	6.05	12.06
锆石	0.822	—	—
脉石矿物	81.903	0.67	11.26
其他	0.126	—	—
合计	100.000	4.874	100.00

B 锆的赋存状态

在原砂矿物定量的基础上，分离单矿物作锆铪合量 $Zr(Hf)O_2$ 的化学分析，作出锆在各主要矿物中的分配见表 6-11。由锆的平衡分配表明，原砂中以锆石矿物形式存在的锆占原矿总锆的 89.60%，以微细包裹体存在于辉石、石英、长石等脉石矿物中的锆占原矿总锆的 10.40%。从该砂矿中选锆，理论回收率在 90% 左右。

表 6-11   锆铪在主要矿物中的平衡分配

矿物	矿物含量/%	$Zr(Hf)O_2$/%	分配率/%
钛铁矿	4.096	—	—
金红石	0.655	—	—
白钛石	0.729	—	—
钛磁铁矿	0.62	—	—
赤铁矿	9.712	—	—
榍石	1.337	—	—
锆石	0.822	66.12	89.60
脉石矿物	81.903	0.077	10.40
其他	0.126	—	—
合计	100.000	0.607	100.00

6.1.1.5 铁钛矿物磁性分析

为了评价铁矿物与钛矿物在自然状态下磁选分离可能性,采用 WCF-3 电磁分选仪对重矿物产品进行精细的磁性分析,并在显微镜下进行矿物定量分析检测,结果见表 6-12。100mT 场强产品中主要矿物为磁铁矿和赤铁矿;240~430mT场强产品中主要为赤铁矿和钛铁矿及绿帘石、角闪石等脉石矿物;550~650mT场强产品中主要为正常赤铁矿和绿帘石、角闪石、石榴石等。矿物磁性分析表明,由于本矿中大多数赤铁矿为磁铁矿氧化蚀变转化而成,因而这些赤铁矿中保留一定量的磁铁矿残余体而具有较强的磁性,并且其磁性强弱视磁铁矿的残余量变化而变化,导致在 240~430mT 场强本属钛铁矿的富集区间内大量赤铁矿同时进入,造成钛铁矿与赤铁矿两者磁性区间重叠,无法磁选分离。金红石分布范围较广,有 40%的金红石分布于各磁性产品中,与钛铁矿、赤铁矿磁性区间重叠,难以用磁选方法分离。

表 6-12 铁钛矿物磁性分析结果

磁场场强 /mT	产率 /%	品位/%		各磁性产品主要矿物组成/%					
		Fe	TiO$_2$	磁铁矿	赤铁矿	钛铁矿	褐铁矿	白钛石	其他
100	2.92	53.44	12.74	91.85	8.15				
240	16.61	55.00	19.57		73.54	24.75			1.71
340	11.28	53.75	17.32		79.38	18.31			2.31
430	20.93	49.49	16.42		86.55	10.14			3.31
550	20.51	44.66	10.93		83.33	1.46			15.21
650	7.24	34.49	8.33		76.44	0.7	5.34	0.59	16.93
900	3.93	36.49	11.62		21.74		22.36	14.91	40.99
1100	1.67	14.89	19.52				24.21	18.29	57.5
1100 非磁	14.90	0.88	7.98	主要矿物为方解石、石英,少量锆石、金红石					
合计	100.00	40.59	13.83						

6.1.2 选别工艺分析

6.1.2.1 原则流程的确定

根据该砂矿矿石性质特点,采用隔渣筛预先筛分,丢弃树根、贝壳等少量筛上杂物。筛下产品采用 GL-600 螺旋溜槽进行选别,可获得锆石、钛铁矿及赤铁矿混合粗精矿。螺旋溜槽粗精矿经湿式弱磁选出钛磁铁矿,湿式中磁选出钛铁矿后,非磁产品采用摇床进一步选别,可获得以锆石为主的粗精矿。整个流程以湿式作业为主,结构布局合理,避免了干湿交替作业,节省能耗。

锆石粗精矿采用湿式强磁选别，可获钛铁矿及高钛产物。湿式强磁选尾矿采用摇床进行选别，可获得锆石、金红石混合精矿。

锆石、金红石混合精矿烘干后，采用电选分离，可获得锆石精矿、金红石精矿。

6.1.2.2　粗选工艺

根据原矿性质，粗选采用 GL-600- I 型螺旋溜槽进行选别。工艺流程为"一粗一扫"，粗扫选精矿合并为重选粗精矿，扫选螺旋溜槽尾矿（尾矿 I ）丢弃。当原矿含 $Zr(Hf)O_2$ 为 0.616%、TiO_2 为 5.02%时，可获得重选粗精矿含 $Zr(Hf)O_2$ 为 2.260%、TiO_2 为 15.87%，回收率 $Zr(Hf)O_2$ 为 93.96%，TiO_2 为 81.02%的试验结果。螺旋溜槽试验结果见表 6-13。

表 6-13　GL-600- I 型螺旋溜槽试验结果　　　　　　　　　　（%）

产品名称	产率	品位		回收率	
		$Zr(Hf)O_2$	TiO_2	$Zr(Hf)O_2$	TiO_2
粗选精矿	10.68	3.060	15.75	53.06	33.53
扫选精矿	14.93	1.688	15.96	40.90	47.49
重选粗精矿	(25.61)	2.260	15.87	(93.96)	(81.02)
尾矿 I	74.39	0.050	1.28	6.04	18.98
原矿	100.00	0.616	5.02	100.00	100.00

6.1.2.3　粗精矿精选工艺

在粗选的基础上，进行初步精选分离。初步精选分离流程如图 6-3 所示。试验结果见表 6-14。

表 6-14　粗精矿精选试验结果　　　　　　　　　　（%）

产品名称	产率	品位		回收率	
		$Zr(Hf)O_2$	TiO_2	$Zr(Hf)O_2$	TiO_2
钛磁铁矿	1.85	0.260	16.00	0.20	1.87
钛铁矿 I	45.79	0.158	20.09	3.00	58.25
摇床精矿	18.13	12.727	16.88	95.68	19.38
摇床尾矿	34.23	0.079	9.46	1.12	20.50
合计	100.00	2.412	15.79	100.00	100.00

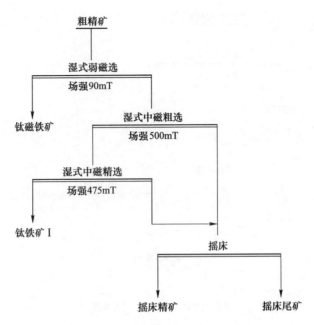

图 6-3 粗精矿初步精选工艺流程

　　重选粗精矿中含有钛磁铁矿等强磁性矿物，为了减少工业生产过程中强磁性矿物堵塞高梯度磁选机介质，先采用湿式弱磁选，磁场强度为 90mT，选出强磁性矿物；钛铁矿等中等磁性矿物采用新型 SSS 高梯度磁选机选别，磁场强度为 500mT。为了减少磁性产品夹带锆石，本试验对湿式中磁粗选钛铁矿进一步精选，一般情况下，试验可获得合格的钛铁矿精矿。本次试验钛铁矿 I 仍不合格，主要原因是钛磁铁矿、赤铁矿及绿帘石含量太高，重选、磁选都很难分离，所以二段磁选 TiO_2 只有 20%左右，需进行焙烧磁选试验。重选粗精矿磁选摇床精选试验结果：钛铁矿 I 含 TiO_2 为 20.09%，作业回收率 TiO_2 为 58.25%；锆石粗精矿含 $Zr(Hf)O_2$ 为 12.727%，TiO_2 为 16.88%，作业回收率 $Zr(Hf)O_2$ 为 95.68%，TiO_2 为 39.38%。

　　新型 SSS 高梯度磁选机配备了气水联合卸矿装置，在同等条件下，卸矿率比普通的水力卸矿装置卸矿率高出 13.76%；在选矿指标相同的情况下，新型气水卸矿装置可节约用水 19%；在设备运转参数相同的情况下，新型气水联合卸矿装置比普通水力卸矿装置精矿产率提高了 5.55%，回收率提高了 7.82%。

6.1.2.4　锆石粗精矿精选分离

　　锆石粗精矿精选分离工艺流程如图 6-4 所示。锆石粗精矿精选分离试验结果见表 6-15。

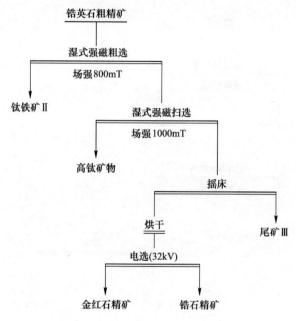

图 6-4　锆石粗精矿精选工艺流程

表 6-15　锆石粗精矿精选分离试验结果

粒级/mm	产率/%	品位/%		回收率/%	
		Zr(Hf)O_2	TiO_2	Zr(Hf)O_2	TiO_2
钛铁矿Ⅱ	71.32	0.920	18.06	5.55	78.71
高钛矿物	10.28	8.205	20.03	7.13	12.58
尾矿Ⅲ	2.50	6.856	38.82	1.45	5.93
金红石精矿	0.53	5.490	85.41	0.25	2.76
锆石精矿	15.37	65.880	0.023	85.62	0.02
合计	100.00	11.825	16.36	100.00	100.00

　　锆石粗精矿采用湿式强磁一次粗选和一次扫选选别,粗选磁场强度 800mT,获得钛铁矿Ⅱ含 TiO_2 18.06%,需继续进行焙烧磁选分离。扫选磁场强度 1000mT,获得高钛矿物含 Zr(Hf)O_2 为 8.205%、TiO_2 为 20.03%,可集中处理。磁选尾矿采用摇床进行选别,可获得锆石含 Zr(Hf)O_2 为 63.851%、金红石含 TiO_2 为 9.486%的混合精矿,混合精矿烘干电选,最终获得含 Zr(Hf)O_2 为 65.880%的锆石精矿及少量含 TiO_2 为 85.41%的金红石精矿。

6.1.2.5 全流程试验及结果

全流程试验采用筛孔 2mm 隔渣筛预先筛分，丢弃极少量筛上产物。筛下产品采用 GL-600-I 型螺旋溜槽选别，获得锆石、钛铁矿、钛磁铁矿、赤铁矿等混合粗精矿。螺旋粗精矿经湿式弱磁选出钛磁铁矿，湿式中磁选出以钛铁矿、赤铁矿为主的产物（钛铁矿 I）后，非磁产品采用摇床进一步选别，可获得以锆石为主，含部分钛铁矿、赤铁矿、白钛石、榍石及少量金红石的混合粗精矿。以锆石为主的粗精矿经湿式强磁选出以钛铁矿、赤铁矿为主的产物（钛铁矿 II）及以白钛石、榍石、少量金红石及锆石的产物（高钛矿物）后，非磁产品采用摇床精选，摇床精矿烘干，进行电选，得到锆石及金红石产品。整个流程以湿式作业为主，避免了干湿交替作业，减少了能耗。

钛铁矿 I 与钛铁矿 II 含 TiO_2 均只有 20% 左右。为进一步提高钛铁矿精矿品位，钛铁矿 I 与钛铁矿 II 合并、烘干，进行焙烧磁选探索性试验，得到铁精矿及钛铁矿精矿。焙烧试验条件：矿 160g+煤 40g，焙烧温度 950℃，保温 1h；磁选试验条件：磁场强度 150mT。焙烧磁选试验结果见表 6-16。

表 6-16　焙烧磁选试验结果　（%）

产品名称	产率	品位			回收率		
		Fe	Zr(Hf)O_2	TiO_2	Fe	Zr(Hf)O_2	TiO_2
铁精矿	70.68	62.24	0.274	9.36	82.57	61.24	36.14
钛铁矿精矿	29.32	31.68	0.418	45.52	17.43	38.76	63.86
合计	100.00	53.71	0.316	19.67	100.00	100.00	100.00

以白钛石、榍石、少量金红石及锆石的产物（高钛矿物）烘干，进行干式磁选及电选试验，得到锆石精矿 II、金红石精矿 II 及钛铁矿中矿。

全流程试验可获得锆石精矿 I 含 Zr(Hf)O_2 为 65.68%（回收率 71.26%）、锆石精矿 II 含 Zr(Hf)O_2 为 56.79%（回收率 8.28%），Zr(Hf)O_2 总回收率为 79.54%；金红石精矿 I 含 TiO_2 为 85.41%（回收率 0.34%）、金红石 II 含 TiO_2 为 69.64%（回收率 0.28%），钛铁矿含 TiO_2 为 44.52%（回收率 38.78%），TiO_2 总回收率 39.40%；铁精矿产率 10.46%，含 Fe 为 62.24%；钛磁铁矿产率 0.47%（含 Fe 为 48.82%、TiO_2 为 16.00%）。

全流程试验工艺流程如图 6-5 所示。全流程试验结果见表 6-17。全流程试验采用"螺旋溜槽—湿式磁选—摇床—电选"工艺，流程简单合理，避免了干湿交替作业、指标较高、能耗较少、操作方便。

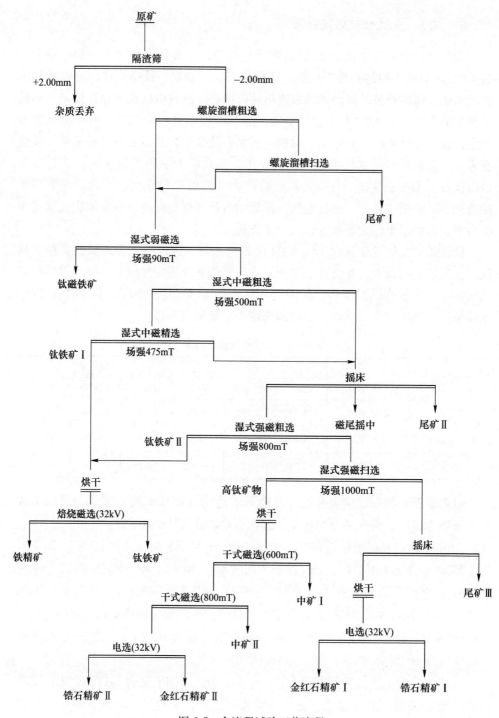

图 6-5　全流程试验工艺流程

表 6-17 全流程试验结果 （%）

产品名称	产率	品位		回收率	
		Zr(Hf)O₂	TiO₂	Zr(Hf)O₂	TiO₂
锆石精矿Ⅰ	0.67	65.680	0.11	71.26	0.01
锆石精矿Ⅱ	0.09	56.790	7.5	8.28	0.14
金红石精矿Ⅰ	0.02	5.600	85.41	0.18	0.34
金红石Ⅱ	0.02	7.303	69.64	0.24	0.28
钛铁矿精矿	4.34	0.418	44.52	2.94	38.78
铁精矿	10.46	0.274	9.36	4.64	19.64
钛磁铁矿	0.47	0.265	16	0.20	1.51
磁尾摇中	3.23	0.160	19.78	0.84	12.83
中矿Ⅰ	0.57	0.234	20.77	0.22	2.38
中矿Ⅱ	0.10	2.660	15.1	0.43	0.30
尾矿Ⅰ	74.38	0.077	1.28	9.27	19.11
尾矿Ⅱ	5.54	0.032	3.44	0.29	3.82
尾矿Ⅲ	0.11	6.856	38.82	1.22	0.86
合计	100.00	0.617	4.98	100.00	100.00

最终锆石精矿产品杂质分析结果见表 6-18。由于锆石表面或裂隙中存在铁染现象，导致锆石精矿产品含 Fe_2O_3 偏高。采用 H_2SO_4 酸浸搅拌，锆石精矿 Fe_2O_3 含量从 0.54% 降至 0.079%。

表 6-18 锆石精矿多元素分析 （%）

元素	Zr(Hf)O₂	TiO₂	P	Al₂O₃	SiO₂	Fe₂O₃	U	Th
含量	65.68	0.11	0.14	0.42	32.89	0.54	0.023	0.013

方法Ⅰ：10% H_2SO_4，固液比 1:1，酸浸搅拌 30min，锆石精矿 Fe_2O_3 含量从 0.54% 降至 0.079%。

方法Ⅱ：10% HCl，固液比 1:1，酸浸搅拌 30min，锆石精矿 Fe_2O_3 含量从 0.54% 降至 0.33%。

6.2 浅海砂矿选矿

6.2.1 工艺矿物学分析

6.2.1.1 原矿物质组成

该浅海砂矿样取自于广东沿海某滨海砂矿床水深 20m 以上浅海区。原矿主要岩性为浅灰至灰色细砂、粉砂及黏土粉砂，原矿堆比重为 1.103t/m³。原矿多元素分析结果见表 6-19，原矿矿物相对含量见表 6-20。该浅海砂矿主要有用矿物为锆石，其次为金红石、钛铁矿、独居石、磷钇矿等。脉石矿物以石英、长石为主，其次为海绿石、方解石、电气石、角闪石等。该砂矿组成复杂，有价矿物含量低。

表 6-19　原矿多元素分析结果　　　　　　（%）

元素	TiO_2	ZrO_2	REO	Sn	WO_3	P	S	Fe_2O_3
含量	0.59	0.081	0.052	0.0075	0.015	0.19	0.19	3.30
元素	Al_2O_3	CaO	MgO	MnO	K_2O	Na_2O	SiO_2	Y_2O_3
含量	6.63	0.76	0.70	0.044	1.27	0.37	79.75	0.014

表 6-20　原矿矿物定量结果　　　　　　（%）

矿物	含量	矿物	含量	矿物	含量
钛铁矿	0.177	磁铁矿	0.023	铬铁矿	0.002
金红石	0.024	赤铁矿、褐铁矿	0.072	电气石、角闪石等	0.162
白钛石	0.067	菱铁矿	0.029	石英、长石、海绿石等	99.25
锆石	0.131	黄铁矿	0.03	铁铝榴石	0.004
独居石	0.017	磷灰石	0.006	合计	100.00
磷钇矿	0.004	榍石	0.002		

6.2.1.2　原矿粒度分布

原矿筛分分析结果见表 6-21。原矿粒度细，-0.08mm 占 34.42%，有价组分多赋存在-0.08mm，给选矿富集回收及分离造成一定影响。

表 6-21　原矿筛分分析结果

粒级/mm	产率/%	品位/%			回收率/%		
		TiO_2	ZrO_2	REO	TiO_2	ZrO_2	REO
+0.40	5.68	0.067	0.19	0.024	0.65	1.31	2.55
-0.40+0.30	2.07	0.16	0.19	0.018	0.56	0.48	0.73
-0.30+0.20	3.18	0.22	0.16	0.025	1.19	0.60	1.45
-0.20+0.16	4.90	0.19	0.17	0.030	1.58	0.95	2.73
-0.16+0.10	26.08	0.33	0.17	0.024	14.64	5.26	11.45
-0.10+0.08	23.67	0.50	0.17	0.027	20.13	4.78	11.64
-0.08+0.04	22.37	0.94	0.233	0.063	35.75	62.25	25.64

粒级/mm	产率/%	品位/%			回收率/%		
		TiO$_2$	ZrO$_2$	REO	TiO$_2$	ZrO$_2$	REO
−0.04+0.03	3.77	1.64	0.443	0.24	10.50	19.95	16.36
−0.03+0.02	3.10	0.98	0.071	0.13	5.17	2.63	7.27
−0.02+0.01	0.76	1.16	0.019	0.30	1.49	0.12	4.18
−0.01	4.42	1.11	0.032	0.20	8.34	1.677	16.00
合计	100.00	0.588	0.084	0.055	100.00	100.00	100.00

6.2.1.3 钛铁矿系列矿物分析

钛铁矿系列矿物电子探针分析结果见表 6-22。

表 6-22　钛铁矿系列矿物电子探针分析结果 （%）

矿物名称	品位			矿物相对含量
	TiO$_2$	TFe	Mn	
富钛钛铁矿	60.10	25.27	2.38	21.00
钛铁矿	52.10	31.27	1.93	36.00
铁钛铁矿	48.28	34.21	2.09	35.00
钛赤铁矿	21.52	54.11	0.70	2.00
含钛赤铁矿	7.03	58.32	6.06	6.00
总平均值	49.05	33.08	2.29	100.00

6.2.1.4 纯矿物化学分析

纯矿物化学分析结果见表 6-23。

表 6-23　纯矿物化学分析结果 （%）

钛铁矿	TiO$_2$	FeO	MnO	P$_2$O$_5$	Fe$_2$O$_3$	
含量	52.34	31.29	2.83	0.041	9.95	
金红石、锐钛矿	TiO$_2$	TFe	S	P$_2$O$_5$		
含量	91.08	0.81	0.01	0.10		
独居石	REO	ThO$_2$	TiO$_2$	ZrO$_2$	SiO$_2$	Fe$_2$O$_3$
含量	62.57	5.90	0.07	0.44	0.88	1.05
锆石	Zr(Hf)O$_2$	HfO$_2$	REO	P$_2$O$_5$	Al$_2$O$_3$	SiO$_2$	Fe$_2$O$_3$
含量	66.03	1.43	0.37	0.28	1.01	31.22	0.09
磷钇矿	REO	Y$_2$O$_3$	ThO$_2$	ZrO$_2$	P$_2$O$_5$	SiO$_2$
含量	60.89	60.35	0.96	0.11	36.96	1.06

6.2.2 选别工艺分析

6.2.2.1 原则流程的确定

根据原矿粒度特点，在全流程选矿试验之前，采用隔渣筛预先筛分，丢弃少量筛上杂物，筛下产品采用螺旋溜槽抛弃约85%的尾矿，螺旋溜槽粗精矿经摇床进一步精选，获得富含锆石的摇床精矿，再经湿式磁选、摇床、干式磁选、电选进一步选别，可获得锆石、钛铁矿、金红石、磷钇矿及独居精矿。

6.2.2.2 粗选工艺

粗选工艺流程见图6-6。采用螺旋溜槽粗选抛弃54.92%的尾矿，螺旋溜槽粗选中矿再选丢弃30.30%的尾矿，螺旋溜槽共抛尾矿85.22%。螺旋溜槽粗精矿经摇床进一步精选抛尾，获得富含锆石的摇床精矿。粗选矿物回收结果见表6-24。

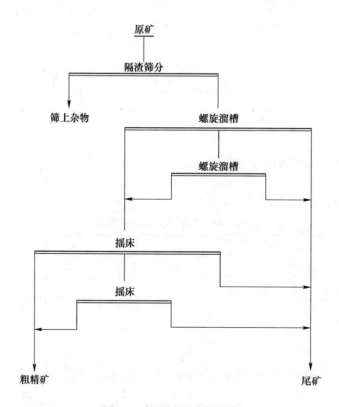

图 6-6 粗选试验工艺流程

表 6-24 粗选矿物回收结果

产品名称	产率/%	矿物品位/%					矿物回收率/%				
		钛铁矿	磷钇矿	独居石	锆石	金红石	钛铁矿	磷钇矿	独居石	锆石	金红石
粗精矿	0.058	31.90	0.61	2.82	22.43	4.30	91.55	77.50	84.12	87.08	91.60
尾矿	99.492	0.015	0.0009	0.0027	0.017	0.002	8.45	22.50	15.88	12.92	8.40
给矿	100.00	0.177	0.004	0.017	0.131	0.024	100.00	100.00	100.00	100.00	100.00

6.2.2.3 粗精矿精选工艺

粗精矿中各有用矿物间存在着较明显的磁性差异，采用磁选分组，把粗精矿分成以钛铁矿、独居石、锆石和金红石为主的三组物料，进入系统进一步分离。

(1) 钛铁矿与磷钇矿精选分离。以钛铁矿为主的物料含有少量磷钇矿，采用电选分开。导体矿物为钛铁矿和部分钛赤铁矿，为提高钛铁矿品位，采用还原焙烧，磁选精选得钛铁矿精矿。非导体部分经电选、重选和磁选精选得到磷钇矿精矿。

(2) 独居石精选。以独居石为主的物料组分复杂，含有磁性白钛石、榍石以及电气石等一些中等密度的矿物，先用重选除去电气石等中间密度的矿物，再用磁选和电选得到独居石精矿。

(3) 锆石与金红石精选分离。以锆石与金红石为主的物料含有部分脉石、弱磁性黄铁矿等矿物，先用重选除去比重较轻的脉石矿物，重产品再用磁选、电选及浮选交替作业，得到锆石精矿和金红石精矿。

6.2.2.4 全流程试验结果

该浅海砂矿矿物组成复杂，约40多种矿物，主要有用矿物为锆石、金红石、钛铁矿、独居石、磷钇矿等，脉石矿物以石英、长石为主，其次为海绿石、方解石、电气石、角闪石等。经粗选获得的粗精矿属富锆物料，精选分离以回收锆石为主，综合回收其他有用矿物。精选流程采用磁性分组、二次富集及磁选、电选、浮选联合作业，得到 ZrO_2 品位分别为 65.05%、60.95% 及 55.06% 三个品级精矿，总回收率为 71.44%。综合回收了金红石、钛铁矿、独居石、磷钇矿。

6.3 残坡积砂矿选矿

6.3.1 工艺矿物学分析

6.3.1.1 原矿物质组成

该残坡积砂矿原矿多元素分析结果见表 6-25，原矿矿物定量检测结果见表

6-26。本矿石中钛矿物为钛铁矿、金红石、白钛石和微量榍石，其中钛铁矿大部分是富钛钛铁矿，少量是正常钛铁矿；锆矿物为锆石；稀土矿物主要是独居石，其次是磷钇矿、微量氟碳铈矿、磷铝铈矿、硅铍钇矿等；其他金属氧化矿物有褐铁矿和磁铁矿；金属硫化矿物含量极少，主要是黄铁矿、闪锌矿、黄铜矿；脉石矿物主要为石英和黏土，其次是长石、云母等，脉石矿物总量占90%以上。

表 6-25　原矿多元素分析结果　　　　　　（%）

元素	TiO_2	ZrO_2	HfO_2	Fe_2O_3	REO	MnO	CaO	SiO_2
含量	3.50	1.01	0.083	2.12	0.15	0.028	0.38	83.13
元素	Al_2O_3	MgO	K_2O	Na_2O	ThO_2	P_2O_5	Cr_2O_3	U
含量	7.60	0.45	0.54	0.57	0.0084	0.068	0.04	0.001

表 6-26　原矿矿物定量检测结果　　　　　　（%）

矿物	含量	矿物	含量	矿物	含量
锆石	1.560	黄铁矿	0.014	方解石	0.041
金红石	0.851	石英	71.199	白云石	0.375
白钛石	0.991	长石	2.930	尖晶石	0.003
钛铁矿	2.673	白云母	1.633	铬铁矿	0.046
氟碳铈矿	0.001	黑云母	0.007	硬锰矿	0.044
独居石	0.157	角闪石	0.079	磷灰石	0.007
磷钇矿	0.070	电气石	0.625	萤石	0.004
磷铝铈矿	0.007	绿帘石	0.009	重晶石	0.007
硅铍钇矿	0.001	橄榄石	0.006	天青石	0.001
磁铁矿	0.108	蓝晶石	0.176	刚玉	0.005
褐铁矿	0.328	黏土	16.020	其他	0.011
黄铜矿	0.002	异极矿	0.006	合计	100.000
闪锌矿	0.002	白铅矿	0.001		

6.3.1.2　矿物嵌布特性

原矿各主要矿物粒度分布结果见表 6-27。锆石的粒度最为均一，主要粒度范围为 0.02~0.08mm；钛铁矿中有少量大于 0.08mm 为颗粒，大部分与锆石类似，粒度范围为 0.02~0.08mm；金红石的粒度分布也是主要在 0.02~0.08mm，粒度分布范围较窄；白钛石的粒度特点是 0.01mm 以下粒级占有率较高，达到 14.51%；稀土矿物独居石的粒度比较细，主要粒度范围在 0.01~0.08mm，磷钇矿的粒度更微细。该矿砂具有锆、钛、稀土等有价矿物粒度较细的特点。

表 6-27 原矿各主要矿物粒级分布结果

粒级/mm	粒级分布/%					
	锆石	钛铁矿	金红石	白钛石	独居石	磷钇矿
-0.32+0.16		0.74				
-0.16+0.08	0.79	3.71	2.62	1.14		
-0.08+0.04	48.21	46.32	62.12	48.16	35.26	19.60
-0.04+0.02	46.49	32.82	28.87	29.35	39.57	25.62
-0.02+0.01	3.11	9.91	4.39	6.84	22.21	53.60
-0.01	1.40	6.50	2.00	14.51	2.96	1.18
合计	100.00	100.00	100.00	100.00	100.00	100.00

6.3.1.3 主要矿物嵌布状态和矿物学特性

A 钛铁矿 $FeTiO_3$

钛铁矿晶体呈板状，铁黑色，密度 $4.72g/cm^3$。莫氏硬度 5~6。钛铁矿化学成分主要为铁和钛，理论化学成分：TiO_2 为 52.66%、FeO 为 47.34%。该矿砂中少数粗粒钛铁矿磨圆度较高，呈圆粒状、次圆状，表面凹坑充填泥质物（见图 6-7）；而大多数钛铁矿粒度较微细，呈次圆至次菱角状，磨圆度较差，表面较干净（见图 6-8）。从成分上有两种钛铁矿，一种属于正常钛铁矿，另一种为富钛钛铁矿。普通钛铁矿呈铁黑色，半金属光泽，粒度粗细不等，磁性较强，在 300~450mT 场强下进入磁性产品，其化学成分能谱分析结果见表 6-28，平均含 TiO_2 52.51%、FeO 为 43.62%，并含数量不等的 MnO、MgO、SiO_2、Al_2O_3；

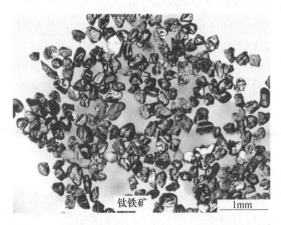

图 6-7 体视显微镜放大 25 倍矿砂中粗粒钛铁矿

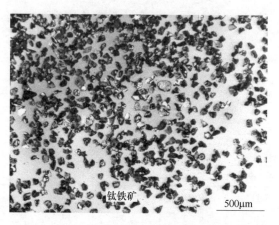

图 6-8　体视显微镜放大 50 倍矿砂中细粒钛铁矿

表 6-28　钛铁矿化学成分能谱分析结果　　　　　　（%）

测点	化学组成及含量					
	TiO_2	MnO	FeO	MgO	Al_2O_3	SiO_2
1	51.92	3.94	43.77	0.00	0.00	0.37
2	52.43	0.38	45.65	1.24	0.00	0.30
3	52.70	2.70	41.54	2.70	0.00	0.36
4	52.98	0.58	43.52	2.47	0.15	0.30
平均	52.51	1.90	43.62	1.60	0.04	0.33

富钛钛铁矿呈亮铁黑色，半金属光泽至油脂光泽，随着钛含量增加，颜色变浅，油脂光泽更显著，粒度一般较微细，磁性相对较弱，在 500~650mT 场强下进入磁性产品，富钛钛铁矿含钛量变化较大，TiO_2 含量为 53.51%~71.93%，平均含 TiO_2 为 62.19%，其他杂质含量与普通钛铁矿类似。单矿物分析表明钛铁矿平均含 TiO_2 为 55.07%，Fe 为 30.76%。

该砂矿中的钛铁矿（包括富钛钛铁矿）一般以单体颗粒形式存在，少数钛铁矿与磁铁矿连生或包含微细粒磁铁矿，这种钛铁矿一般磁性较强。部分钛铁矿表面铁染或凹坑充填泥质物，极少数钛铁矿包裹于褐铁矿和黏土中。部分钛铁矿在表生风化过程中，铁离子被淋滤而变成富钛钛铁矿，经过进一步的蚀变，钛铁矿蚀变成白钛石。

B　金红石 TiO_2

该砂矿中金红石呈长柱状或磨圆成圆棒状，颜色变化较大，呈暗红、褐红至黑色，一般随含铁量增加颜色变深，金刚光泽至半金属光泽（见图 6-9）。金红石密度 4.2~4.4g/cm³，莫氏硬度 6.0~6.5。具极弱电磁性，在 1600~2000mT 场强下进入磁性产品，具导电性，在电选过程进入导体产品。金红石理论化学成分含 TiO_2 100%，常含类质同象或机械混入的杂质等。该金红石平均 TiO_2 含量为98.19%，普遍含硅和铁，部分金红石含铬、钙、铝、铌等杂质。

该矿砂中金红石多数为单体颗粒，少量金红石部分蚀变为白钛石，偶见微细金红石包裹于黏土中。

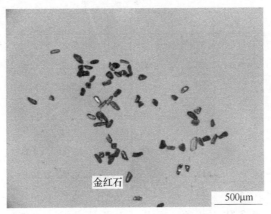

图 6-9 体视显微镜放大 50 倍金红石单体颗粒

C 白钛石

白钛石并非固定化学组成和晶体结构的矿物，而是氧化钛、氧化铁、二氧化硅、氧化铝等多相微粒集合体，由钛铁矿、榍石或金红石等钛矿物受表生作用和热液作用蚀变生成。白钛石颜色变化较大，呈灰黑色、灰色、褐黄色、黄色、浅黄色等，色泽较暗，磨圆度较高，质地较松散，成分不均匀（见图 6-10）。白钛石的硬度和密度均随成分和结构变化较大，磁性和导电性也变化较大，一般磁

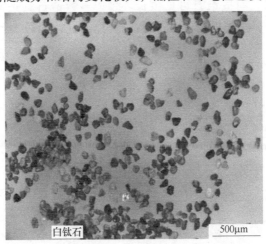

图 6-10 体视显微镜放大 50 倍矿砂中白钛石颗粒

性、导电性弱于钛铁矿。白钛石的化学成分能谱分析结果见表 6-29，从表中可见，白钛石化学成分较复杂且变化较大，除含钛、铁、锰之外，普遍含硅、铝，部分含磷、钙、铬、铌、锆等杂质，白钛石平均含 TiO_2 79.52%。

表 6-29 白钛石化学成分能谱分析结果   （%）

测点	化学组成及含量										
	Ti	Mn	Fe	O	Al	Si	P	Nb	Zr	Cr	Ca
1	41.33	2.57	15.83	39.77	0.20	0.30	0.00	0.00	0.00	0.00	0.00
2	47.17	0.29	9.62	40.31	0.94	1.08	0.00	0.59	0.00	0.00	0.00
3	48.12	0.20	8.45	40.26	1.39	0.78	0.00	0.00	0.51	0.00	0.29
4	44.87	0.81	9.75	40.57	1.96	1.96	0.00	0.00	0.00	0.00	0.08
5	47.21	0.12	6.24	42.16	1.99	2.07	0.00	0.00	0.00	0.00	0.21
6	52.57	0.10	1.48	41.58	1.97	2.14	0.00	0.00	0.00	0.00	0.16
7	40.00	0.02	0.47	45.71	1.37	12.28	0.00	0.00	0.00	0.00	0.15
8	55.93	0.18	3.01	39.76	0.55	0.42	0.00	0.00	0.00	0.00	0.15
9	56.26	0.00	3.81	39.27	0.31	0.26	0.00	0.00	0.00	0.00	0.09
10	51.90	0.03	2.80	41.26	1.39	0.87	0.48	0.00	0.00	0.57	0.70
11	43.51	0.87	6.78	44.14	2.32	2.05	0.00	0.00	0.00	0.00	0.33
12	42.66	1.10	14.61	40.93	0.22	0.35	0.00	0.00	0.00	0.00	0.13
平均	47.63	0.52	6.90	41.31	1.22	2.05	0.04	0.05	0.04	0.05	0.19

D 锆石（Zr，Hf）$[SiO_4]$

该矿砂中锆石颜色为无色透明，少数因铁染而呈淡铁锈黄色，晶形为四方柱与四方双锥的聚形，有些锆石可见生长环带，多数锆石具一定磨圆度，玻璃光泽，断口油脂光泽，不平坦断口或贝壳状断口（见图 6-11）。硬度 7.5~8，密度

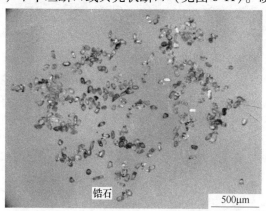

图 6-11 体视显微镜放大 50 倍矿砂中锆石颗粒

$4.4\sim4.8g/cm^3$，无磁性，非导体。采用能谱随机测定锆石颗粒化学成分结果见表 6-30。能谱测定结果表明，该矿石中锆石含铪较高，达到锆精矿中铪综合回收的品位要求，此外，锆石中普遍含少量铁（表面或裂隙中铁染）。

表 6-30　锆石化学成分能谱分析结果　　　　　（%）

测点	化学组成及含量			
	ZrO_2	HfO_2	FeO	SiO_2
1	65.60	1.33	0.09	32.98
2	65.60	1.26	0.20	32.94
3	65.36	1.82	0.23	32.59
4	65.67	1.47	0.11	32.75
5	65.14	1.89	0.32	32.65
6	65.68	1.25	0.17	32.88
7	65.12	1.77	0.17	32.94
8	65.44	1.62	0.22	32.72
9	65.51	1.53	0.24	32.72
10	65.11	1.69	0.18	33.02
11	65.37	1.74	0.13	32.76
12	65.13	1.83	0.22	32.82
平均	65.39	1.60	0.19	32.81

在矿砂中锆石绝大多数为单体，少量锆石含黏土、磷钇矿等包裹体，还有少量锆石呈微细包裹体包裹于石英、黏土等矿物中，这些锆石粒度过于微细，难以回收。锆石单矿物含 ZrO_2 65.43%、HfO_2 1.32%。

E　独居石（Ce,La）[PO]$_4$

独居石理论化学成分：Ce_2O_3 34.99%、La_2O_3 34.74%、P_2O_5 30.27%。独居石的化学成分通常变化较大，镧系元素常类质同象替代，也经常有 Th、Y、U、Ca 的替代。该矿独居石中 Th 含量较高，独居石晶格阳离子中少量 Ca 替代稀土，络阴离子部分由 $[SiO_3]^{4-}$ 代替 $[PO_4]^{3-}$。单矿物分析 REO 含量 66.099%，稀土配分见表 6-31。独居石颜色为黄绿色，铁染时变褐黄色，透明，弱油脂光泽。莫氏硬度 5~5.5，密度为 $4.9\sim5.5g/cm^3$。独居石在 700~1000mT 场强下进入磁性产品。矿砂中的独居石绝大多数呈单体颗粒存在，少量微细独居石包裹于石英等矿物中。

表 6-31　独居石稀土配分　　　　　（%）

元素	La_2O_3	CeO_2	Pr_6O_{11}	Nd_2O_3	Sm_2O_3	Eu_2O_3	Gd_2O_3	Tb_4O_7
含量	13.5	28.35	6	11.25	2.28	0.084	1.43	0.17

元素	Dy_2O_3	Ho_2O_3	Er_2O_3	Tm_2O_3	Yb_2O_3	Lu_2O_3	Y_2O_3	合计
含量	0.64	0.092	0.118	0.01	0.041	0.004	2.13	66.099

F　磷钇矿 $Y[PO_4]$

磷钇矿理论化学成分为：Y_2O_3 61.40%、P_2O_5 38.60%，阳离子除钇外还有钇族稀土元素混入，其中以镝、铒、镱、钆为主，少见铈族稀土元素混入。该矿砂中的磷钇矿化学成分能谱分析结果见表 6-32，平均 REO 63.26%。磷钇矿一般呈黄色、红褐色，条痕淡褐色，玻璃光泽、具油脂光泽，硬度 4.5，密度 4.4～5.1g/cm³。常与锆石沿 c 轴形成平行连生。矿砂中的磷钇矿极少，主要以单体颗粒形式存在，偶见磷钇矿包含于锆石中。

表 6-32　磷钇矿化学成分能谱分析结果　　　　　（%）

测点	化学组成及含量				
	Y_2O_3	Gd_2O_3	Dy_2O_3	Yb_2O_3	P_2O_5
1	49.26	2.54	6.40	5.22	36.58
2	49.88	3.05	6.13	4.23	36.71
3	50.93	3.41	6.33	2.40	36.93
平均	50.02	3.00	6.29	3.95	36.74

6.3.1.4　原矿中主要有价金属赋存状态

A　原矿中钛的赋存状态

在原矿矿物定量的基础上，分离单矿物作 TiO_2 的化学分析，做出钛在各主要矿物中的分配见表 6-33。本矿砂中钛矿物和含钛矿物种类较多，由钛的平衡分配表明，原矿中钛铁矿中钛占原矿总钛的 40.72%，金红石中钛占原矿总钛的 23.12%，白钛石中钛占原矿总钛量的 21.80%，以分散方式存在于磁铁矿中的钛占原矿总钛的 0.15%，以微细包裹体存在于石英等脉石矿物中的钛占原矿总钛的 2.99%，黏土和褐铁矿中微细白钛石中钛占原矿总钛的 11.22%。从该砂矿中选钛铁矿，理论回收率在 41%左右，选金红石和白钛石，钛的理论回收率为 45%。但由于白钛石成分变化大，密度、磁性和电性也变化，回收难度较大，影响钛的回收率。

表 6-33　钛在主要矿物中的平衡分配　　　　　　　（%）

矿物	矿物含量	TiO₂	分配率
锆石	1.56	—	—
金红石	0.851	98.19	23.12
白钛石	0.991	79.52	21.80
钛铁矿	2.673	55.07	40.72
氟碳铈矿	0.001	—	—
独居石	0.157	—	—
磷钇矿	0.07	—	—
磷铝铈矿	0.007	—	—
硅铍钇矿	0.001	—	—
磁铁矿	0.108	5.10	0.15
脉石	77.115	0.14	2.99
黏土/褐铁矿	16.348	2.48	11.22
其他	0.118	—	—
合计	100.00	3.61	100.00

B　原矿中锆的赋存状态

在原矿矿物定量的基础上，分离单矿物作锆铪合量 $Zr(Hf)O_2$ 的分析，作出锆在各主要矿物中的分配见表 6-34。由锆的平衡分配表明，原矿中以锆石矿物形式存在的锆占原矿总锆的 97.72%，以微细包裹体存在于石英、长石等脉石矿物中的锆占原矿总锆的 0.59%，包裹于黏土/褐铁矿矿物中锆占原矿总锆的 1.69%。从该砂矿中选锆，理论回收率为 98%左右。

表 6-34　锆铪在主要矿物中的平衡分配　　　　　　（%）

矿物	矿物含量	Zr(Hf)O₂	分配率
锆石	1.56	66.75	97.72
金红石	0.851		
白钛石	0.991		
钛铁矿	2.673		
氟碳铈矿	0.001		
独居石	0.157		
磷钇矿	0.07		
磷铝铈矿	0.007		
硅铍钇矿	0.001		

矿物	矿物含量	Zr(Hf)O_2	分配率
磁铁矿	0.108	—	—
脉石	77.115	0.0081	0.59
黏土/褐铁矿	16.348	0.11	1.69
其他	0.118	—	—
合计	100.00	1.066	100.00

C　原矿中稀土的赋存状态

在原矿矿物定量的基础上，分离单矿物作稀土总量 TREO 分析（包括 ThO_2），作出稀土在各主要矿物中的分配见表 6-35。由稀土的平衡分配表明，原砂中以独居石矿物形式存在的稀土占原矿总量的 60.25%，以磷钇矿矿物形式存在的稀土占原矿总量的 25.71%，以微量氟碳铈矿、磷铝铈矿、硅铍钇矿矿物形式存在的稀土分别占 0.38%、1.30%、0.32%，以微细包裹体存在于石英、长石等脉石矿物中的稀土占原矿总量的 6.72%，包裹于黏土/褐铁矿矿物中稀土占原矿总量的 5.32%。由于该矿砂中稀土含量低，稀土矿物种类多，可选性差异大，并且磷钇矿粒度微细，该矿砂主要回收独居石，预计从该砂矿中选稀土，理论回收率为 60% 左右。

表 6-35　稀土在主要矿物中的平衡分配　　　　　　　　（%）

矿物	矿物含量	TREO	分配率
锆石	1.56	—	—
金红石	0.851	—	—
白钛石	0.991	—	—
钛铁矿	2.673	—	—
氟碳铈矿	0.001	64.99	0.38
独居石	0.157	66.099	60.25
磷钇矿	0.07	63.26	25.71
磷铝铈矿	0.007	31.99	1.30
硅铍钇矿	0.001	55.40	0.32
磁铁矿	0.108	—	—
脉石	77.115	0.015	6.72
黏土/褐铁矿	16.348	0.056	5.32
其他	0.118	—	—
合计	100.00	0.172	100.00

6.3.2 选别工艺分析

6.3.2.1 原则流程的确定

该矿砂锆、钛、稀土等有价矿物粒度较细，将给矿物分选增加难度。石英、长石、黏土等轻矿物产率占90%以上，这些矿物密度小，可采用重选预先抛废。钛铁矿、金红石、锆石等有价矿物天然解离性较好，不需磨矿就可分选。白钛石成分变化大，密度和磁性、电性也变化，回收难度较大，影响钛的回收率。

根据原矿粒度特点，在全流程选矿试验之前，采用隔渣筛预先筛分，丢弃树根、贝壳等少量筛上杂物，筛下产品采用水力旋流器脱泥。水力旋流器的沉砂采用螺旋溜槽"一粗一扫"抛弃约70%的尾矿，螺旋溜槽粗扫选精矿经筛分，-0.5mm粒级采用摇床进一步精选，获得富含锆石的摇床精矿和富含钛矿物的扫选摇床精矿，两种精矿分别进行精选分离试验。经湿式磁选、摇床、干式磁选、电选进一步选别，可获得锆石、钛铁矿、金红石及独居精矿。

6.3.2.2 原矿洗矿、筛分、脱泥试验

该矿砂粒度大小不均，含泥量大，有价矿物锆石、钛铁矿等含钛矿物主要粒度集中在0.02~0.074mm，呈细粒分布、粒度范围较窄的特点。原矿筛分水析结果见表6-36。

表6-36 原矿筛分水析结果

粒级/mm	产率/%	品位/%		占有率/%	
		$Zr(Hf)O_2$	TiO_2	$Zr(Hf)O_2$	TiO_2
+20	9.99	0.22	2.16	1.99	6.28
-20+2	7.14	0.24	1.76	1.55	3.65
-2+0.8	3.62	0.28	1.72	0.92	1.81
-0.8+0.5	3.52	0.220	0.66	0.70	0.68
-0.5+0.2	6.58	0.130	0.86	0.78	1.65
-0.2+0.1	16.54	0.140	1.64	2.10	7.89
-0.1+0.074	1.95	0.280	1.95	0.49	1.11
-0.074+0.043	29.30	1.640	6.5	43.57	55.43
-0.043+0.02	5.42	9.250	8.76	45.47	13.82
-0.02+0.01	12.11	0.190	1.73	2.09	6.10
-0.01	3.83	0.098	1.42	0.34	1.58
合计	100.00	1.10	3.44	100.00	100.00

原矿洗矿、筛分、水力旋流器脱泥结果见表6-37。当原矿含 $Zr(Hf)O_2$ 为1.10%、TiO_2 为3.42%时，可获得水力旋流器沉砂品位 $Zr(Hf)O_2$ 为1.51%、

TiO_2 为 4.12%，占有率 $Zr(Hf)O_2$ 为 94.57%、TiO_2 为 82.97%。水力旋流器沉砂筛分水析结果见表 6-38，水力旋流器溢流水析结果见表 6-39。

表 6-37　原矿筛分水力旋流器脱泥结果

产品名称	产率/%	品位/%		占有率/%	
		$Zr(Hf)O_2$	TiO_2	$Zr(Hf)O_2$	TiO_2
0.8mm 筛上	20.29	0.23	1.99	4.25	11.81
沉砂	68.83	1.51	4.12	94.57	82.97
溢流	10.88	0.12	1.64	1.18	5.22
合计	100.00	1.10	3.42	100.00	100.00

表 6-38　水力旋流器沉砂筛分水析结果

粒级/mm	产率/%	品位/%		占有率/%	
		$Zr(Hf)O_2$	TiO_2	$Zr(Hf)O_2$	TiO_2
+0.043	83.83	0.92	3.65	51.24	74.34
-0.043+0.02	7.48	9.56	11.64	47.49	21.14
-0.02	8.69	0.22	2.14	1.27	4.52
合计	100.00	1.51	4.12	100.00	100.00

表 6-39　水力旋流器溢流水析结果

粒级/mm	产率/%	品位/%		占有率/%	
		$Zr(Hf)O_2$	TiO_2	$Zr(Hf)O_2$	TiO_2
+0.02	5.81	0.34	1.82	16.00	6.44
-0.02	94.19	0.11	1.63	84.00	93.56
合计	100.00	0.12	1.64	100.00	100.00

6.3.2.3　全流程选矿试验及结果

针对水力旋流器的沉砂进行全流程试验。采用螺旋溜槽"一粗一扫"抛弃约 70% 的尾矿。螺旋溜槽粗扫精矿经筛分，-0.5mm 粒级采用摇床进一步精选，可获得含 $Zr(Hf)O_2$ 为 39.28%、TiO_2 为 14.51% 的富锆摇床精矿及含 $Zr(Hf)O_2$ 为 12.62%、TiO_2 为 46.31% 的富钛扫选摇床精矿。两种精矿分别进行精选分离试验，经湿式磁选、摇床、干式磁选、电选进一步选别。对摇床精矿进行精选分离试验，可获得锆石精矿含 $Zr(Hf)O_2$ 为 65.55%、独居石精矿含 REO 为 64.89%、钛铁矿精矿含 TiO_2 51.55%。对扫选摇床精矿进行精选分离试验，获得锆石精矿含 $Zr(Hf)O_2$ 分别为 65.12%、63.25%，金红石精矿含 TiO_2 分别为 90.85%、85.16%。钛铁矿回收率 85.39%、金红石回收率 60.55%、白钛矿回收率 45.28%、锆石回收率 80.45%、独居石回收率 75.39%。全流程试验工艺流程如图 6-12 所示。工艺流程合理，指标较高，避免了干湿交替作业，同时有效回收了稀土，降低了产品中铀、钍含量。

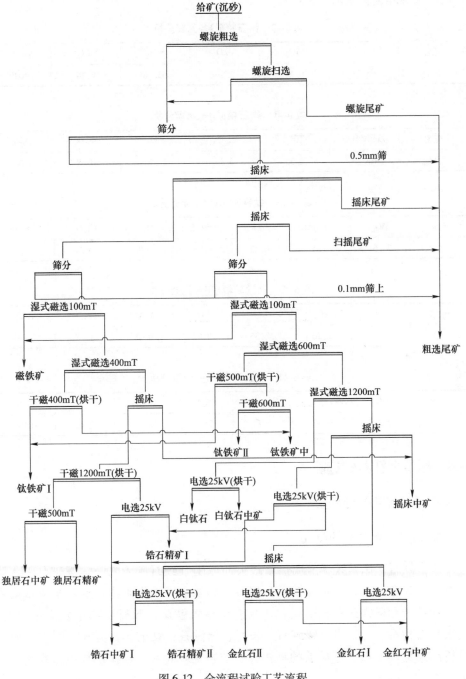

图 6-12　全流程试验工艺流程

　　锆石精矿I多元素分析结果见表6-40，锆石精矿II多元素分析结果见表6-41，钛铁矿精矿I多元素分析结果见表 6-42，钛铁矿精矿II多元素分析结果见表6-43，金红石精矿I多元素分析结果见表6-44。

表 6-40　锆石精矿I多元素分析　　　　　　（%）

元素	Zr(Hf)O$_2$	TiO$_2$	Al$_2$O$_3$	SiO$_2$	Fe$_2$O$_3$	Th+U
含量	65.53	0.14	0.29	33.46	0.14	0.049

表 6-41　锆石精矿II多元素分析　　　　　　（%）

元素	Zr(Hf)O$_2$	TiO$_2$	Al$_2$O$_3$	SiO$_2$	Fe$_2$O$_3$	Th+U
含量	63.25	2.35	0.86	32.24	0.48	0.048

表 6-42　钛铁矿精矿I多元素分析　　　　　　（%）

元素	TiO$_2$	Zr(Hf)O$_2$	FeO	SiO$_2$	Al$_2$O$_3$	Cr$_2$O$_3$	Th+U
含量	53.61	0.21	40.42	0.95	0.88	0.31	0.018

表 6-43　钛铁矿精矿II多元素分析　　　　　　（%）

元素	TiO$_2$	Zr(Hf)O$_2$	FeO	SiO$_2$	Al$_2$O$_3$	Cr$_2$O$_3$	Th+U
含量	57.25	0.20	38.36	0.65	0.48	1.38	0.019

表 6-44　金红石精矿I多元素分析　　　　　　（%）

元素	TiO$_2$	Zr(Hf)O$_2$	Fe$_2$O$_3$	SiO$_2$	Al$_2$O$_3$	Cr$_2$O$_3$	Th+U
含量	90.15	0.95	1.74	3.46	0.95	1.39	0.019

6.4　原生金红石矿选矿

6.4.1　工艺矿物学分析

6.4.1.1　原矿矿物组成

　　该金红石矿床是我国探明储量最大的原生金红石矿床之一。该矿石中含钛矿物主要为金红石，少量钛铁矿和榍石；其他金属氧化矿物有少量至微量褐铁矿、赤铁矿和磁铁矿；金属硫化矿物有微量黄铁矿；脉石矿物主要为角闪石，其次是石榴石、白云母、绿帘石、长石、绿泥石、黏土、石英等。原矿多元素分析结果见表6-45，原矿钛的物相分析结果见表6-46，原矿矿物定量检测结果见表6-47。

表 6-45 原矿多元素分析结果 （%）

成分	TTiO$_2$	S	P	Fe$_2$O$_3$	CaO
含量	3.08	0.013	0.074	13.55	7.32
成分	MgO	Al$_2$O$_3$	SiO$_2$	Na$_2$O	K$_2$O
含量	6.95	16.72	43.28	2.38	0.22

表 6-46 原矿钛的物相分析结果 （%）

相别	金红石 TiO$_2$	钛铁矿及其他 TiO$_2$	合计
含量	2.30	0.78	3.08
占有率	74.67	25.33	100.00

表 6-47 原矿矿物定量检测结果 （%）

矿物	含量	矿物	含量	矿物	含量
金红石	2.425	绿帘石	3.096	方解石	0.002
钛铁矿	0.632	绿泥石	1.551	磷灰石	0.228
榍石	0.043	石英	0.891	磁铁矿	0.001
黄铁矿	0.011	长石	2.294	赤铁矿	0.051
角闪石	67.334	滑石	0.002	褐铁矿	0.312
钙铁榴石	11.759	十字石	0.005	软锰矿	0.004
钠云母	7.735	锆石	0.004	其他	0.102
白云母	0.210	铁白云石	0.006	合计	100.000
黑云母	0.054	黏土	1.248		

6.4.1.2 矿物嵌布特性

金红石的嵌布粒度分布范围较宽，粒度粗细极不均匀，主要集中在 0.01~0.32mm，钛铁矿的粒度比金红石稍粗，主要粒度范围是 0.02~0.64mm。金红石及钛铁矿的粒度分布见表 6-48。

表 6-48 主要矿物的嵌布粒度

粒级/mm	粒级分布/%	
	金红石	钛铁矿
-1.28+0.64	2.04	5.76
-0.64+0.32	6.81	16.31
-0.32+0.16	15.48	16.79
-0.16+0.08	25.95	30.94

粒级/mm	粒级分布/%	
	金红石	钛铁矿
−0.08+0.04	20.76	19.55
−0.04+0.02	17.87	7.80
−0.02+0.01	10.22	2.55
−0.01	0.87	0.30
合计	100.00	100.00

金红石的解离特性与其嵌布特点和粒度分布特点密切相关，+0.02mm 的金红石解离度增加较快，但小于 0.02mm 粒级解离度增幅很小。表明金红石的粒度大小变化大，云雾状微细粒金红石难以解离。在磨矿细度为 91.09% 为−0.074mm 时，金红石的总解离度为 90.71%（见表 6-49）。

表 6-49　磨矿细度为 91.09% 为−0.074mm 的金红石解离度测定结果

粒级/mm	产率/%	$TTiO_2$/%	金红石解离度/%
+0.074	8.91	4.15	74.55
−0.074+0.043	36.09	4.03	88.79
−0.043+0.02	29.85	3.02	97.01
−0.02	25.15	1.50	98.89
合计	100.00	3.10	90.71

金红石的嵌布关系较复杂，大多数金红石呈不等粒浸染状和微细粒浸染状分布于角闪石、石榴石、白云母等脉石矿物中，这些金红石粒度粗细极不均匀。少数金红石中包含钛铁矿、角闪石等具电磁性矿物包裹体，这是引起部分金红石具弱磁性的根本原因。

6.4.1.3　金红石的赋存状态

钛在矿石中的赋存状态见表 6-50。原矿中以金红石（含钛铁矿包裹体）矿物形式存在的钛占原矿总钛的 75.80%；以钛铁矿矿物形式存在的钛占原矿总钛的 10.76%；赋存于榍石（硅酸盐钛）中的钛占原矿总钛的 0.56%；以微细钛矿物包裹体或类质同象形式赋存于角闪石、石榴石等磁性脉石中钛占原矿总钛的 11.07%，赋存于白云母等非磁脉石中钛占原矿总钛的 1.81%。分选金红石时，钛的理论品位 TiO_2 为 96%，理论回收率为 76% 左右；分选钛铁矿时，钛的理论品位为 52%，理论回收率为 11% 左右。

表 6-50　钛在矿石中的赋存状态

矿物	矿物含量/%	TiO_2/%	占有率/%
金红石	2.425	96.03	75.80
钛铁矿	0.632	52.32	10.76
榍石	0.043	39.8	0.56
角闪石/石榴石	79.093	0.43	11.07
云母等其他脉石	17.322	0.32	1.81
其他	0.485	—	—
合计	100.000	3.07	100.00

6.4.2　选别工艺分析

6.4.2.1　原则流程的确定

本矿石中钛铁矿、角闪石、石榴石等矿物含量高，且与目的矿物金红石存在着明显的磁性差别，在适当的磨矿细度条件下，可通过磁选方法抛弃部分钛铁矿、角闪石、石榴石等磁性矿物，非磁产品经浓缩脱泥，既可脱去对浮选产生不利影响的微细泥，又可以减少浮选作业给矿量、降低药剂用量、提高浮选指标。选矿试验原则流程如图 6-13 所示。

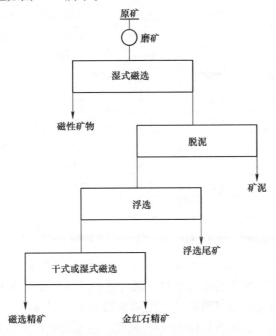

图 6-13　金红石选矿试验原则流程图

6.4.2.2 磁选条件试验

A 不同粒级磁选试验

原矿经磨矿筛分，分成 +0.074mm、-0.074mm+0.043mm、-0.043mm 三个粒级，分别进行磁选试验。原矿磨矿筛分结果见表 6-51。磁选试验采用一段粗选、一段扫选工艺流程，磁场强度均为 400mT。磁选试验结果见表 6-52。三个粒级中 -0.043mm 粒级的磁选效果最好，主要原因是该粒级金红石单体解离比较充分。

表 6-51 筛分试验结果

粒级 /mm	产率 /%	品位/%		回收率/%	
		$TTiO_2$	金红石 TiO_2	$TTiO_2$	金红石 TiO_2
+0.074	18.94	3.95	3.42	24.26	27.48
-0.074+0.043	29.95	3.78	2.84	36.70	36.09
-0.043	51.11	2.35	1.68	39.04	36.43
原矿	100.00	3.08	2.36	100.00	100.00

表 6-52 不同粒级磁选试验结果

产物名称	产率 /%	品位/%		回收率/%		粒级 /mm
		$TTiO_2$	金红石	$TTiO_2$	金红石	
磁选精矿	95.66	3.26	2.80	79.15	78.34	
磁选尾矿	4.34	18.97	17.06	20.85	21.66	+0.074
给矿	100.00	3.95	3.42	100.00	100.00	
磁选精矿	73.83	2.60	1.66	50.80	43.23	
磁选尾矿	26.17	7.11	6.15	49.20	56.77	-0.074+0.043
给矿	100.00	3.78	2.84	100.00	100.00	
磁选精矿	42.75	1.10	0.46	20.03	11.71	
磁选尾矿	57.25	3.28	2.59	79.97	88.29	-0.043
给矿	100.00	2.35	1.68	100.00	100.00	

B 不同磨矿细度磁选试验

由不同粒级磁选试验结果可知，-0.043mm 细粒级的磁选效果较好。下面考察原矿在不同磨矿细度下的磁选效果，磁选试验采用一段粗选工艺流程，磁场强度为 400mT。不同磨矿细度磁选试验结果见表 6-53。试验结果表明，磨矿越细，磁选精矿产率越小，金红石品位 TiO_2 也越低，磁选精矿损失的金红石也越少。

表 6-53 不同磨矿细度磁选试验结果

产物名称	产率/%	金红石 TiO_2 品位/%	金红石 TiO_2 回收率/%	磨矿细度 /mm	占比/%
磁选精矿	54.92	1.43	34.01		
磁选尾矿	45.08	3.38	65.99	80%为-0.074	80
原矿	100.00	2.31	100.00		
磁选精矿	39.78	1.12	19.42		
磁选尾矿	60.22	3.07	80.58	90%为-0.074	90
原矿	100.00	2.29	100.00		
磁选精矿	20.38	0.89	7.86		
磁选尾矿	79.62	2.67	92.14	100%为-0.074 (65%为-0.043)	100 (65)
原矿	100.00	2.31	100.00		
磁选精矿	15.74	0.81	5.48		
磁选尾矿	84.26	2.61	94.52	75%为-0.043	75
原矿	100.00	2.33	100.00		

6.4.2.3 浮选条件试验

A 捕收剂的选择和组合试验

浮选黑钨矿及锡石的捕收剂均能有效地捕收金红石。本次试验首先对苯甲羟肟酸（代号 GYB）、731、油酸钠进行单独用药试验，其中 GYB 选择性相对较好。以下以 GYB 为主捕收剂进行组合用药对比试验，GYB 与脂肪酸类辅助捕收剂 FW2 配合使用效果较佳。

B 不同抑制剂及用量试验

以 GYB 为捕收剂，FW2 为辅助捕收剂，进行 $(NaPO_3)_6$、CMC、Na_2SiO_3、Na_2SiF_6 抑制剂用量试验，采用 $(NaPO_3)_6$ 作为抑制剂，浮选粗精矿品位更高些。$(NaPO_3)_6$ 用量为 100g/t 比较合适。

C 不同磨矿细度浮选试验

为了考查细度对浮选指标的影响，进行了磨矿细度 85%为-0.074mm、90%为 0.074mm、65%为-0.043mm、小于 0.043mm 占 75%浮选条件试验。不同磨矿细度浮选试验工艺流程如图 6-14 所示。试验结果见表 6-54。试验结果表明，磨矿细度越细，浮选粗精矿回收率越高，品位变化不大。当磨矿细度从小于 0.043mm 占 65%提高到小于 0.043mm 占 75%，回收率增加的幅度不大。综合考虑，磨矿细度小于 0.043mm 占 65%比较合适。

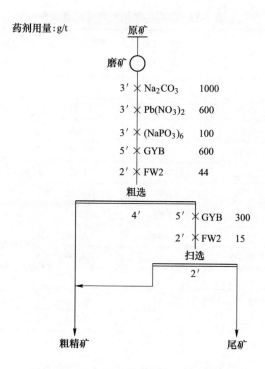

图 6-14　磨矿细度浮选试验工艺流程图

表 6-54　不同磨矿细度浮选试验结果

产物名称	产率/%	TTiO_2 品位/%	TTiO_2 回收率/%	磨矿细度/mm	占比/%
粗精矿	20.06	11.02	69.91		
尾矿	79.94	1.19	30.09	85%为-0.074	85
原矿	100.00	3.16	100.00		
粗精矿	21.52	10.47	72.66		
尾矿	78.48	1.08	27.34	90%为-0.074	90
原矿	100.00	3.10	100.00		
粗精矿	23.05	10.56	77.47		
尾矿	76.95	0.92	22.53	65%为-0.043	65
原矿	100.00	3.14	100.00		
粗精矿	23.98	10.26	79.01		
尾矿	76.02	0.86	20.99	75%为-0.043	75
原矿	100.00	3.11	100.00		

6.4.2.4 全流程试验及结果

A 原矿磨矿筛析结果

原矿磨矿筛析结果见表6-55。

表 6-55 原矿磨矿筛析结果

粒级/mm	产率/%
+0.043	34.26
-0.043+0.015	40.41
-0.015	25.33
原矿	100.00

B 磁选-脱泥试验

原矿磨至-0.043mm占65%，进行磁选-脱泥试验，其工艺流程如图6-15所示，试验结果见表6-56。磁选 脱泥试验结果表明，当原矿磨矿细度-0.043mm占65%，脱泥率在12.84%的条件下，获得了产率67.56%、金红石TiO_2品位3.23%、回收率87.75%的沉砂。

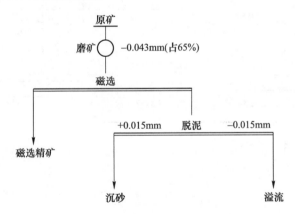

图 6-15 磁选-脱泥工艺流程图

表 6-56 磁选-脱泥试验结果

产物名称	产率/%	品位/%		回收率/%	
		$TTiO_2$	金红石 TiO_2	$TTiO_2$	金红石 TiO_2
磁选精矿	19.60	1.81	0.86	11.06	6.78
沉砂	67.56	3.85	3.23	81.06	87.75
溢流	12.84	1.97	1.06	7.88	5.47
原矿	100.00	3.21	2.49	100.00	100.00

C　沉砂浮选试验

在浮选条件试验及开路试验的基础上进行了闭路试验，工艺流程如图 6-16
所示，闭路试验结果见表 6-57。当沉砂金红石 TiO_2 品位为 3.23% 时，获得了产
率 4.04%、金红石 TiO_2 品位 70.86%、回收率 88.70% 的闭路试验结果。

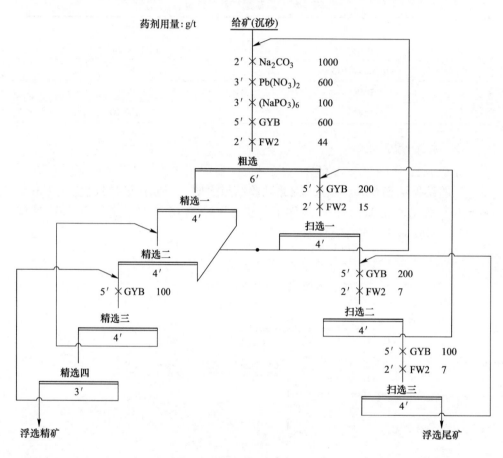

图 6-16　闭路试验工艺流程图

表 6-57　闭路试验结果

产物名称	产率/%	金红石 TiO_2 品位/%	金红石 TiO_2 回收率/%
浮选精矿	4.04	70.86	88.70
浮选尾矿	95.96	0.38	11.30
给矿（沉砂）	100.00	3.23	100.00

D 浮选精矿干式磁选试验

闭路试验的浮选精矿加 10% 稀硫酸搅拌 2h，清洗、烘干后进行干式磁选试验，试验工艺流程如图 6-17 所示，试验结果见表 6-58。当浮选精矿金红石 TiO_2 品位为 70.86% 时，干式磁选获得了产率 72.52%、金红石 TiO_2 品位 85.71%（$TTiO_2$ 品位 91.27%）、回收率 87.72% 的金红石精矿。

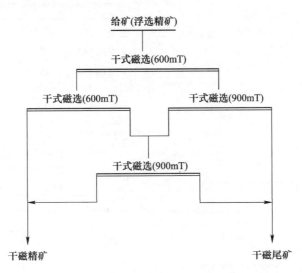

图 6-17 浮选精矿精选分离工艺流程图

表 6-58 浮选精矿精选分离试验结果

产物名称	产率/%	金红石 TiO_2 品位/%	金红石 TiO_2 回收率/%
干磁精矿	27.48	31.67	12.28
干磁尾矿	72.52	85.71	87.72
给矿（浮选精矿）	100.00	70.86	100.00

E 全流程试验结果

当原矿磨矿细度 0.043mm（占 65%）时，进行高梯度磁选，非磁部分采用水析法脱泥，对脱泥后的沉砂进行浮选，浮选精矿加 10% 稀硫酸搅拌 2h，清洗、烘干后进行干式磁选，全流程选矿试验工艺流程如图 6-18 所示，全流程选矿试验结果见表 6-59。在原矿含金红石 TiO_2 2.49% 的条件下，最终获得了产率 1.98%、金红石 TiO_2 品位 85.71%（$TTiO_2$ 品位 91.27%）、回收率 68.28% 的金红石精矿。

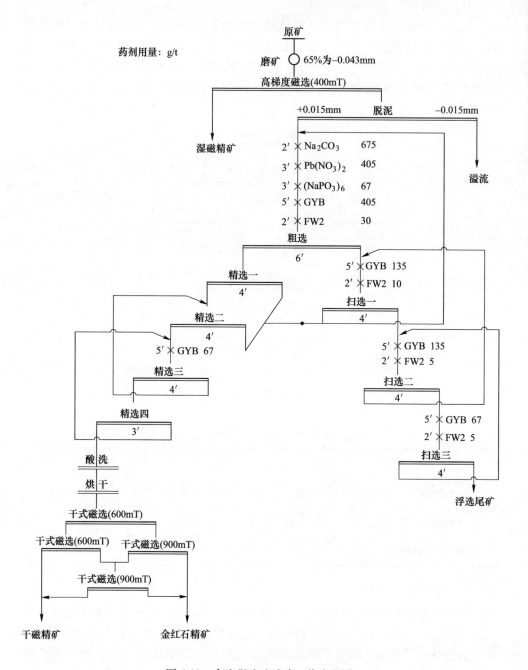

图 6-18　全流程选矿试验工艺流程图

表 6-59　全流程选矿试验结果　　　　　　　（%）

产物名称	产率	金红石 TiO_2 品位	金红石 TiO_2 回收率
湿磁精矿	19.60	0.86	6.78
溢流	12.84	1.06	5.47
浮选尾矿	64.83	0.38	9.91
干磁精矿	0.75	31.67	9.56
金红石精矿	1.98	85.71	68.28
原矿	100.00	2.49	100.00

F　金红石精矿检测结果

采用 MLA 矿物自动定量检测设备对金红石精矿进行矿物定量检测，结果见表 6-60。精矿中主要是金红石，其次是角闪石、钛铁矿、榍石、褐铁矿、石英等。金红石精矿质量分析结果见表 6-61。

表 6-60　金红石精矿矿物定量检测结果　　　　　（%）

矿物	含量	矿物	含量	矿物	含量
金红石	90.401	角闪石	3.652	铜蓝	0.001
钛铁矿	1.506	钙铁榴石	0.007	闪锌矿	0.029
榍石	1.418	锰铝榴石	0.041	毒砂	0.026
锆石	0.056	铁铝榴石	0.225	硫锑铅矿	0.005
磷灰石	0.001	绿帘石	0.240	方铅矿	0.019
独居石	0.006	霓辉石	0.007	铅矾	0.012
锡石	0.006	绿泥石	0.067	重晶石	0.160
钽铌铁矿	0.052	滑石	0.009	水磷铁锰石	0.008
白钨矿	0.001	黏土	0.295	硬锰矿	0.006
黑钨矿	0.003	方解石	0.003	硬水铝石	0.018
石英	0.396	白云母	0.002	其他	0.082
长石	0.143	褐铁矿	0.607	合计	100.000
白云母	0.045	黄铁矿	0.341		
钠云母	0.097	黄铜矿	0.007		

表 6-61　金红石精矿质量分析结果　　　　　（%）

成分	$TTiO_2$	金红石 TiO_2	S	P
含量	91.27	85.71	0.18	<0.005
成分	FeO	CaO	SiO_2	MgO
含量	0.89	0.42	2.99	0.16

6.5　原生钛铁矿选矿

6.5.1　工艺矿物学分析

6.5.1.1　原矿矿物组成

原矿为黑山铁矿选铁后的尾矿。原矿化学多元素分析结果见表 6-62。原矿中金属氧化物以钛铁矿和钛磁铁矿为主，同时尚有少量金红石、锐钛矿、白钛矿、褐铁矿和赤铁矿等；金属硫化物为黄铁矿，其次是黄铜矿，偶见铜蓝、白铁矿、闪锌矿和磁黄铁矿的零星分布；脉石矿物则以绿泥石和斜长石为主，其次是黑云母、绢云母、黝帘石、辉石、角闪石、方解石、石英、磷灰石，此外还有极少量的石榴石、尖晶石、锆石、榍石等。TiO_2 是选矿回收的主要组分，可供综合利用的组分为铁。需要排除或降低的组分主要是 SiO_2、Al_2O_3、CaO、MgO；有害杂质硫的含量较高，硫的含量为 0.55%。

表 6-62　试样的化学成分　　　　　　　　（%）

成分	TiO_2	TFe	FeO	Mn	V_2O_5	SiO_2
含量	10.23	12.60	14.14	0.034	0.106	32.56
成分	Al_2O_3	CaO	MgO	Se_2O_3	P_2O_5	S
含量	15.68	6.27	1.22	0.0022	0.062	0.55

6.5.1.2　矿物嵌布特性

原矿筛分水析结果见表 6-63。TiO_2 的含量在粗粒中的品位较低，+0.45mm 以上粒级的产率为 6.30%，TiO_2 品位为 1.54%，金属分布率为 0.93%；-0.019mm 粒级中，产率为 29.92%，TiO_2 品位为 7.68%，金属分布率为 21.98%；而在 -0.45 为 +0.019mm 粒级中有富集的趋势，其 TiO_2 品位达到 12% 以上，钛金属分布率大于 77%，这部分是选矿回收的最佳粒级。

表 6-63　试样的粒度分析结果

粒级 /mm	产率/%		TiO_2品位/%	金属占有率/%	
	个别	累计		个别	累计
+0.450	6.30		1.54	0.93	
+0.125	20.47	26.77	8.45	16.55	17.48
+0.074	11.02	37.79	13.82	14.57	32.05
+0.040	13.13	50.92	14.64	18.39	50.44

粒级 /mm	产率/%		TiO$_2$品位/%	金属占有率/%	
	个别	累计		个别	累计
+0.019	19.16	70.08	15.05	27.58	78.02
-0.019	29.92	100.00	7.68	21.98	100.00
合计	100.00		10.45	100.00	

6.5.2 选别工艺分析

6.5.2.1 原则流程的确定

原生钛铁矿由于矿物组成复杂，各矿物间共生密切，较之海滨砂矿钛铁矿，其分选工艺流程要复杂得多。原生钛铁矿的选矿，国内外研究也较多，根据矿石性质的不同，粗粒级主要采用重选—磁选流程、重选流程、重选—强磁选—电选流程等，而细粒级通常采用浮选流程。

黑山选铁尾矿的矿石性质复杂，绿泥石含量较高，分选困难，经多方案研究对比，工业试验采用强磁选—粗精矿再磨—浮选工艺流程，较大幅度提高钛铁矿的回收率。

6.5.2.2 预处理工艺

黑山选铁尾矿粒度粗细不均、矿浆浓度较低。-0.019mm 粒级产率为29.92%，TiO$_2$品位为 7.68%，金属分布率为 21.98%。强磁选对-0.019mm 粒级钛铁矿回收率很低，为了提高强磁选给矿浓度，工业试验采用大斜板浓缩，脱去部分细泥。试样中除钛铁矿外，尚含少量磁铁矿。因此，在回收钛铁矿之前，采用弱磁选回收磁铁矿。试样筛析结果表明，+0.45mm 粒级钛铁矿含 TiO$_2$ 很低，工业试验采用高频振动筛去除+0.40mm 粒级。

6.5.2.3 全流程试验及结果

根据矿样的特性，强磁选采用具有气-水混合卸矿方式、组合介质、双脉动技术的高梯度磁选机，能较大幅度提高磁介质的卸矿率，降低磁介质堵塞程度，提高磁选精矿品位及回收率。钛浮选采用广州有色金属研究院自主研制的钛浮选药剂 F$_2$，浮选工艺简单、药剂种类少、工业试验指标高。试样中有害杂质硫的含量较高，硫的含量为 0.55%，因此，钛浮选之前采用脱硫的工艺才能获得合格的钛精矿。综合考虑矿样的特性，采用弱磁选—强磁选—粗精矿再磨—浮选工艺流程较为合理。工业试验流程如图 6-19 所示。

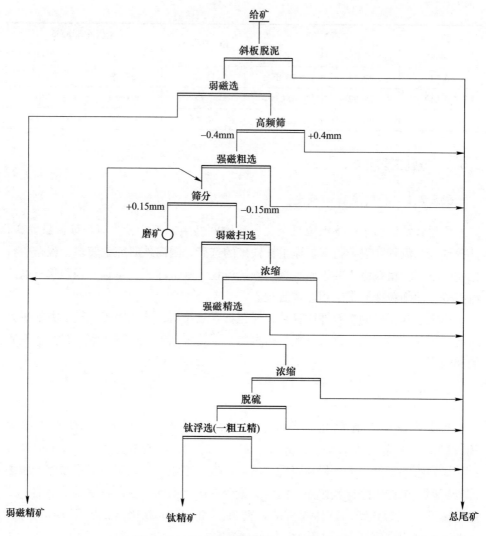

图 6-19 黑山选铁尾矿选钛工业试验流程

通过对强磁选机的冲程、冲次以及磁场强度的调试，最终确定强磁选机粗选的冲程为 25mm，冲次为 300r/min，精选时的冲程为 20mm，冲次为 310r/min。粗选磁场强度为 240mT，精选磁场强度 150mT。强磁粗选得到的钛精矿品位为 23.29%，作业回收率为 82.43%。强磁粗精矿粒度粗细不均，工业试验采用高频振动细筛预先筛分，大于 0.15mm 粒级再磨。强磁精选钛精矿品位为 30.21%，作业回收率为 85.06%。一部分比磁化系数与钛铁矿相近的绿泥石就会夹带到磁性产品中，影响了钛精矿品位。强磁粗选试验结果见表 6-64，强磁精选试验结果见表 6-65。

表 6-64　强磁粗选试验结果　　　　　　　　　　（%）

产品名称	作业产率	品位 TiO_2	作业回收率
强磁粗选精矿	37.35	23.29	82.43
强磁粗选尾矿	62.65	2.96	17.57
强磁粗选给矿	100.00	10.55	100.00

表 6-65　强磁精选试验结果　　　　　　　　　　（%）

产品名称	作业产率	品位 TiO_2	作业回收率
强磁精选精矿	67.86	30.21	85.06
强磁精选尾矿	32.14	11.20	14.94
强磁精选给矿	100.00	24.10	100.00

　　钛浮选采用"一粗五精"工艺流程及钛浮选药剂 F_2 取得品位 TiO_2 为 46.50%、浮选作业回收率75.01%的工业试验指标。钛浮选工艺流程及药剂条件如图6-20所示，钛浮选工业试验结果见表6-66。全流程工业试验统计结果得钛精矿品位 TiO_2 为46.5%，相对强磁粗选给矿回收率大于50%。

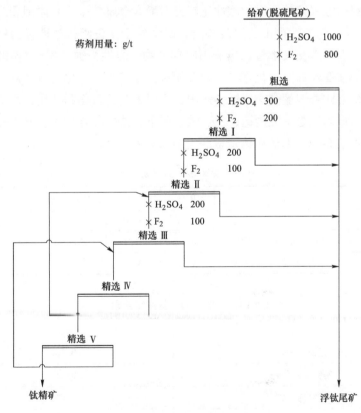

图 6-20　钛浮选工艺流程及药剂条件

表 6-66　钛浮选工业试验结果　　　　　　（%）

产品名称	作业产率	品位 TiO_2	作业回收率
钛精矿	49.26	46.50	75.01
浮钛尾矿	50.74	15.04	24.99
给矿	100.00	30.54	100.00

6.6　原生锆石选矿

6.6.1　工艺矿物学分析

6.6.1.1　原矿矿物组成

中国的原生锆矿主要存在于内蒙古的巴仁扎拉格稀有金属矿床，其储量约占全国锆储量的 70%，目前国内还没有原生锆矿选矿厂，因此在这里对该稀有金属矿床的概况及选矿试验概况作一介绍。

该矿为我国大兴安岭地区的碱性花岗岩型稀有金属矿床。矿体围岩为一套侏罗-白垩系偏碱性的酸性火山晶屑凝灰岩，矿体处于其缓倾斜短轴背斜核部的北东和东西向断裂构造交叉部位，属燕山晚期产物。岩性为蚀变粗-中粒碱性花岗岩，岩体上部蚀变较强，矿化好。而下部相对蚀变较弱，矿化变贫，矿化层无明显界线，含矿岩体普遍遭受交代蚀变作用，主要为钠长石化和硅化，局部有霓石化和萤石化。该矿床是一大型钽、铌、铍、稀土、锆的综合矿床。原矿样的多元素分析结果见表 6-67，原矿矿物定量测定结果见表 6-68。

表 6-67　原矿多元素分析结果　　　　　　（%）

元素	Nb_2O_5	Ta_2O_5	Fe	BeO	ZrO_2	TREO	Pb	TiO_2
含量	0.33	0.02	3.92	0.058	2.00	0.45	0.11	0.93
元素	Mn	Cu	SiO_2	Al_2O_3	CaO	MgO	Na_2O	K_2O
含量	0.041	0.004	71.84	8.50	0.31	0.057	1.75	4.06

表 6-68　原矿矿物定量测定结果　　　　　　（%）

矿物	含量
锰钽铌铁矿	0.384
铅钍复稀金矿	0.025
钇复稀金矿	0.176
铌铁金红石	0.082

矿物	含量
锌日光榴石	0.09
钇兴安石	0.117
铈钕兴安石	0.333
铈烧绿石	0.029
独居石	0.06
氟碳铈矿	0.02
氟碳钇铈矿	0.082
锰钛铁矿	0.665
钛铁矿	0.319
钛磁赤铁矿	1.962
褐铁矿	0.625
锆石	5.452
锡石	0.013
钍石	0.028
铁钍石	0.078
石英	41.479
微斜长石	1.233
正长石	23.553
钠长石	11.889
霓石/钠闪石	2.188
角闪石	0.113
钙铝榴石	0.038
褐帘石	0.249
榍石	0.079
磷灰石	0.007
黄铁矿	0.002
黑云母	0.141
黑硬绿泥石	3.433
高岭石	4.608
其他	0.448
合计	100.00

6.6.1.2　矿物嵌布特性

矿石中主要有用矿物存在广泛的类质同象置换，这些矿物晶格中铁与锰，铌和钽与钛、稀土，铍与稀土元素之间的元素替代，生成的钽铌类矿物有锰钽铌铁矿、复稀金矿、铈烧绿石、铌铁金红石；铍矿物有钇兴安石、铈钕兴安石、锌日光榴石；稀土类矿物有氟碳铈矿、氟碳钇铈矿、氟铈矿、独居石、钍石、兴安石、复稀金矿；铁钛类矿物有钛磁赤铁矿、锰钛铁矿、铌铁金红石、褐铁矿。也就是说，该矿石中 3 种主要有价元素铌赋存于 4 种矿物中，铍赋存于 3 种矿物中，稀土赋存于 7 种矿物中。由于有用矿物中元素互含，给矿物分选带来难度。矿石中部分锆石由于含有数量不等的铁矿物包裹体或铁染而具电磁性，磁性范围在 400~2000mT，但大多数锆石具弱磁性到无磁性。锆石有不同含量的铁，其磁性和表面性质的改变对铌、铍和稀土矿物的磁选、浮选富集均产生一定的影响。

铌主要以锰钽铌铁矿和复稀金矿矿物形式存在，其次以铈烧绿石和铌铁金红石矿物形式存在。锰钽铌铁矿和复稀金矿中赋存的 Nb_2O_5 占 70.11%，铈烧绿石中赋存的 Nb_2O_5 占 4.27%，只有 0.24% 左右的 Nb_2O_5 赋存于铌铁金红石中。该矿石中 Nb_2O_5 的分散较严重，分散于铁钛矿物中的 Nb_2O_5 占 8.04%，存在于钍石中 Nb_2O_5 占 0.48%，并有 5.89% 的 Nb_2O_5 分散于锆石中，10.98% 的 Nb_2O_5 分散于钠闪石、霓石-霓辉石、长石、石英中。由于复稀金矿类矿物含 Nb_2O_5 只有 30% 左右，若要获得 50% 的 Nb_2O_5 以上的铌精矿，回收率可能极低，因此宜富集铌、钽、稀土、铍和铁、钛的混合精矿。混合精矿 Nb_2O_5 的最高占有率为 90% 左右。

铍主要以兴安石矿物形式存在，其次以锌日光榴石矿物形式存在，兴安石中的铍占原矿总铍量的 56.70% 左右；锌日光榴石中的铍占原矿总铍量的 13.39%；锆石中含铍较高，分散于锆石中的铍占原矿总铍量的 28.56%；约 1.34% 的铍分散于钠闪石、霓石-霓辉石、长石、石英中。铍的最高占有率为 70% 左右。

矿石中赋含稀土的矿物较多，稀土主要以兴安石、氟碳铈矿、独居石、钍石矿物形式存在。兴安石中的稀土量占原矿总稀土量的 39.59%，独居石和氟碳铈矿中的稀土量占原矿总稀土量的 21.48%，钍石中稀土量占原矿总稀土量的 12.44%；复稀金矿和铈烧绿石也富含稀土，两矿物中稀土量占原矿总稀土量的 17.14%。锰钽铌铁矿中稀土量占原矿稀土总量的 0.51%；锆石中含稀土较高，分散于锆石中的稀土量占原矿总稀土量的 2.2%；约 6% 的稀土分散于钠闪石、霓石-霓辉石、长石、石英中。混合精矿中稀土的最高占有率为 94% 左右。

矿石中各主要矿物嵌布粒度测定结果见表 6-69 和表 6-70。由测定结果可知，锰钽铌铁矿、兴安石、独居石、锌日光榴石、铌铁金红石的嵌布粒度相类似，嵌布粒度主要在 0.02~0.2mm，属细-微细粒粒度分布类型；锆石、锰钛铁矿、钛磁赤铁矿嵌布粒度略粗，主要嵌布粒度为 0.04~0.32mm，属微细-细粒粒度分布类型；复稀金矿、氟碳铈矿类矿物（含氟碳铈钇矿、氟铈矿）嵌布粒度较微细，属微细粒度嵌布类型。

表 6-69　铌和稀土矿物嵌布粒度测定结果

粒级/mm	粒级含量/%					
	锰钽铌铁矿	复稀金矿	兴安石	氟碳铈矿	独居石	锌日光榴石
-0.32+0.16	9.45		11.27		2.96	0.36
-0.16+0.08	14.72	12.46	26.48	29.54	51.98	34.01
-0.08+0.04	28.49	32.76	29.41	9.54	26.68	40.40
-0.04+0.02	32.30	29.21	15.72	31.26	13.92	21.03
-0.02+0.01	10.90	17.07	11.86	23.32	2.93	2.45
-0.01	4.14	8.50	5.26	6.34	1.53	1.55
合计	100.0	100.0	100.0	100.0	100.0	100.0

表 6-70　锆铁钛矿物嵌布粒度测定结果

粒级/mm	粒级含量/%			
	锆石	铌铁金红石	锰钛铁矿	钛磁赤铁矿
+0.32	4.03		2.53	5.16
-0.32+0.16	10.50	3.44	26.16	9.14
-0.16+0.08	48.69	21.51	40.13	34.66
-0.08+0.04	23.92	44.67	16.54	23.38
-0.04+0.02	8.85	24.77	10.21	19.15
-0.02+0.01	3.06	5.61	3.91	7.98
-0.01	0.95	0.00	0.52	0.53
合计	100.0	100.0	100.0	100.0

6.6.2　选别工艺分析

6.6.2.1　原则流程的确定

2008 年广州有色金属研究院对该矿进行选矿试验，试验流程如图 6-21 所示。

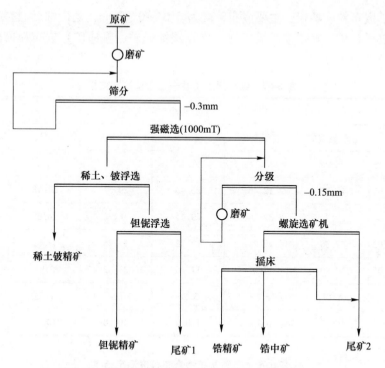

图 6-21　巴仁扎拉格稀有金属矿选矿试验原则流程

6.6.2.2　全流程试验及结果

扩大试验研究获得的结果为：

（1）稀土铍精矿产率 1.00%，稀土和铍品位分别为 20.27% 和 4.38%，稀土和铍回收率分别为 44.02% 和 53.57%；

（2）铌精矿产率为 6.12%，铌品位为 2.25%，回收率为 39.81%；

（3）锆精矿产率为 0.45%，品位为 58.36%，回收率为 9.61%；

（4）锆中矿产率为 2.3%，品位为 35.50%，回收率为 26.91%。

对稀土铍精矿进行硫酸化焙烧—湿法浸出探索试验，稀土、铍和铌的浸出率达到 98.51%、97.93% 和 90% 以上。

7 钛锆矿选矿厂实例

7.1 海滨砂矿选矿厂

7.1.1 海南万宁乌场钛矿

7.1.1.1 概述

乌场钛矿位于我国海南省境内，是我国海滨砂矿主要的生产厂矿之一。矿区矿石储量大，开采条件较好。采场和选厂工艺技术水平及装备水平在我国海滨砂矿生产厂矿中居领先地位，综合回收效果好。

该矿于1959年完成地质勘探，从1965年开始建设国营矿山，1969年建成了精选厂，1971年完成精选厂扩建，1978年开始采用推土机配合水枪开采、砂泵运输、摇床选矿的工艺进行生产。1982年用干采干运、以圆锥选矿机为主体选矿设备的移动式采选厂处理砂矿。

7.1.1.2 矿石性质

乌场钛矿开采矿区属保定矿区，矿床位于大塘岭至牛庙岭之间，是一个沿海岸线分布的含钛铁矿及锆石为主并伴生有多种有价矿物的综合性海滨砂矿矿床，矿区火成岩出露较少，属海滨地貌，第四纪地质以海相沉积为主。矿体全长18km，平均宽度有230m，海平面以上矿体平均厚度9.5m，矿体出露地表，呈沙堤状，无覆盖层。矿石粒度均匀松散，含泥量少，开采条件较好。

矿石中有用矿物以钛铁矿和锆石为主，钛铁矿与锆石赋存量比例为10∶1~19∶1。除主要有用矿物外，还伴生有独居石、金红石、锡石、磁铁矿及微量黄金等多种有价矿物，可综合回收。脉石矿物以石英为主，其余为少量长石、云母，总量占原矿总矿物量的97%左右。由于矿石粒度均匀、无卵石，粗粒及细泥含量均较少，有用矿物绝大部分以单体存在，而且有用矿物与脉石矿物间有明显的密度差，故可选性较好。该矿区原矿的多元素分析、筛分分析及矿物组成分别见表7-1~表7-3。

表 7-1　原矿多元素分析结果　　　　　　　　　（%）

元素	SiO$_2$	Fe$_2$O$_3$	Al$_2$O$_3$	CaO	MgO	V
含量	81.0	1.14	2.20	1.13	1.07	0.003
元素	P$_2$O$_5$	Mn	TR$_2$O$_3$	TiO$_2$	ZrO$_2$	
含量	0.199	0.039	0.036	1.01	0.09	

表 7-2　原矿筛分分析结果

粒级 /mm	含量/%		品位/%		占有率/%			
					TiO$_2$		ZrO$_2$	
	个别	累计	TiO$_2$	ZrO$_2$	个别	累计	个别	累计
+1.00	2.65		0.073	0.0065	0.18		0.16	
-1.00+0.80	7.26	9.91	0.072	0.0059	0.49	0.67	0.39	0.55
-0.80+0.63	13.55	23.46	0.044	0.0063	0.56	1.23	0.77	1.32
-0.63+0.50	11.54	35.00	0.058	0.0063	0.63	1.86	0.66	1.98
-0.50+0.40	16.13	51.13	0.084	0.0061	1.28	3.14	0.89	2.87
-0.40+0.30	20.74	71.87	0.12	0.0076	2.34	5.48	1.42	4.29
-0.30+0.20	17.62	89.49	0.44	0.011	7.30	12.78	1.75	6.04
-0.20+0.16	7.16	96.65	4.40	0.14	29.67	42.45	9.05	15.09
-0.16+0.10	2.69	99.34	19.90	2.06	50.42	92.87	50.04	65.13
-0.10+0.08	0.38	99.72	17.83	9.34	6.38	99.25	32.06	97.19
-0.08	0.28	100.00	2.83	1.11	0.75	100.00	2.81	100.00
合计	100.00		1.062	0.11	100.00		100.00	

表 7-3　原矿矿物组成　　　　　　　　　　　（%）

矿物	含量	矿物	含量
钛铁矿	1.5028	磁铁矿	0.0338
锐钛矿、金红石	0.0231	褐铁矿	0.0189
白钛石	0.0514	铁铝榴石	0.0290
榍石	0.0318	钙铝榴石	0.0086
锆石	0.1253	尖晶石	0.0118
独居石	0.0314	绿帘石、十字石	0.0360
钍石	0.003	黄玉、蓝晶石	0.0063
磷钇矿	0.008	角闪石、电气石	0.7739
锡石	0.0004	长石、石英、方解石	97.1200
赤铁矿	0.1946	合计	100.000

7.1.1.3 采选工艺

乌场钛矿采选厂采用一套移动式采选联合装置进行生产。全套装置于1981年建成，1982年投产。整套装置由采运系统、储矿给矿缓冲系统及移动式选矿厂三部分组成。

采矿采用69-4型斗轮式挖掘机干采。采矿方式为前端式工作面法，采掘面宽度为15m，生产能力为100t/h；斗轮直径1.6m，9个挖斗，每个斗容积11L；斗轮挖掘机总装机功率为33kW，总质量为13t；每吨采矿单位电耗为0.25kW·h，约为水采的1/10。

采出矿经斗轮挖掘机排料，皮带运输机给到两台长45m的移动式皮带运输机上进行连续运输，斗轮机与两台45m运输机配合。每个采矿周期采幅可达15m，长200m，在此周期内，矿仓及选矿厂无须移动。依开采厚度而异，每周期可采矿量2850m^3。

移动式矿仓由进料皮带运输机、矿仓、圆盘给矿机及履带式移动装置组成。45m皮带运输机来矿经入料皮带运输机给入容积为55m^{3}的矿仓，其缓冲能力为55min。在矿仓底部装有ϕ2m圆盘给矿机一台，用于控制给矿量。矿仓至移动选矿厂的排矿皮带运输机上装有DZB-2A型电子皮带秤进行矿量的检测和记录。

矿仓排矿送到移动式选矿厂，移动式选矿厂由电动驱动履带自行移动。选矿厂底盘面积宽5m，长8m，总高度11m，总质量26t，行走速度0.9km/h。定位工作时由四个辅助支撑脚固定。移动式选厂分上下两层，下层为一个2m高的工作间，内装驾驶台、砂泵、电器控制等设备，上层为一露天平台，装有斜面打击筛、圆锥选矿机、螺旋选矿机及矿浆浓度测定仪等设备。圆锥选矿机设有四层操作平台，螺旋选矿机设有两层工作平台。

干矿入选矿厂，首先加水形成高浓度矿浆，矿浆浓度为70%~72%，矿浆自流至一台五联500mm×1000mm斜面打击筛筛分，+1.2mm以上产物包括粗砂、贝壳及杂草等异物作为尾矿丢弃；-1.2mm筛下产物由一台砂泵扬送至圆锥选矿机粗选。在圆锥选矿机给矿管上装有QN-1型浓度计，进行浓度检测。原矿经圆锥选矿机粗选丢弃的尾矿由砂泵扬送至采空区复沙堤，中矿返回至本机二段作业再选，精矿送至螺旋选矿机精选。精选分两段进行，一段螺旋选矿机精矿给二段螺旋选矿机精选，中矿返回至圆锥选矿机再选，尾矿丢弃；二段精选螺旋选矿机精矿为最终精矿，中矿返回到本段螺旋选矿机再选，尾矿返回一段精选螺旋选矿机再选。采选厂设备图及圆锥选矿机内部流程分别如图7-1和图7-2所示。采场和选矿厂设备见表7-4。

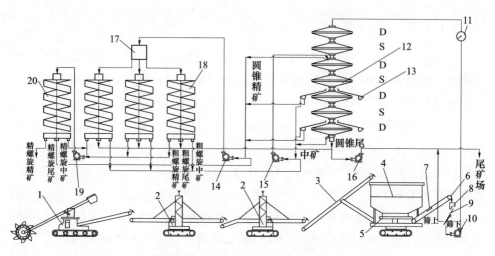

图 7-1　乌场钛矿移动采选装置图

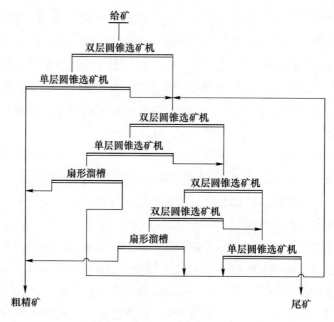

图 7-2　圆锥选矿机内部流程

表 7-4　采选设备

代号	设备名称	规格型号	单位	数量	功率/kW
1	斗式挖掘机	69-4	台	1	25
2	移动式皮带运输机	$L=45\text{m}$，$B=0.5\text{m}$	台	2	7.5
3	皮带运输机	$L=20\text{m}$，$B=0.5\text{m}$	台	1	7

代号	设备名称	规格型号	单位	数量	功率/kW
4	移动矿仓	55m³	台	1	
5	圆盘给矿机	φ2m	台	1	13
6	皮带运输机	L=15m, B=0.5m	台	1	4.5
7	电子皮带秤	DZCB-2A	台	1	
8	造浆斗		台	1	
9	斜面打击筛	500mm×1000mm	台	5	2
10	原矿砂泵	6.35cm-PS	台	1	22
11	浓度计	QN-1	台	1	
12	圆锥选矿机	27层	台	1	
13	扇形溜槽	940mm×290mm	台	12	
14	圆锥选矿机精矿泵	6.35cm-PS	台	1	13
15	圆锥选矿机中矿泵	6.35cm-PS	台	1	22
16	圆锥选矿机尾矿泵	6.35cm-PS	台	1	22
17	螺旋溜槽分浆斗		台	1	
18	一段精选螺旋溜槽	φ900mm, 4圈4头	台	3	
19	砂泵	1PN	台	1	3
20	二段精选螺旋溜槽	φ900mm, 4圈4头	台	1	

移动式选矿厂工业试验及生产指标见表7-5，采场和选矿厂电耗为1.75~3.52kW·h/t，水耗为1.5~2t/t。

表 7-5　移动式选矿厂技术指标　　　　　　（%）

时期	原矿品位		精矿产率	精矿品位		回收率	
	TiO₂	ZrO₂		TiO₂	ZrO₂	TiO₂	ZrO₂
工业试验	0.73	0.078	1.650	37.20	4.17	84.20	88.26
生产指标	1.01	0.123	1.319	33.60	3.85	82.21	77.28

7.1.1.4　精选工艺

乌场钛矿精选厂是我国规模较大、工艺流程比较完善的海滨砂矿精选厂之一，现有生产能力为年产钛精矿2.5万吨，除生产钛精矿外，还综合回收锆石、金红石、独居石、锡石等多种副产品。该厂精选流程如图7-3所示，技术指标见表7-6。

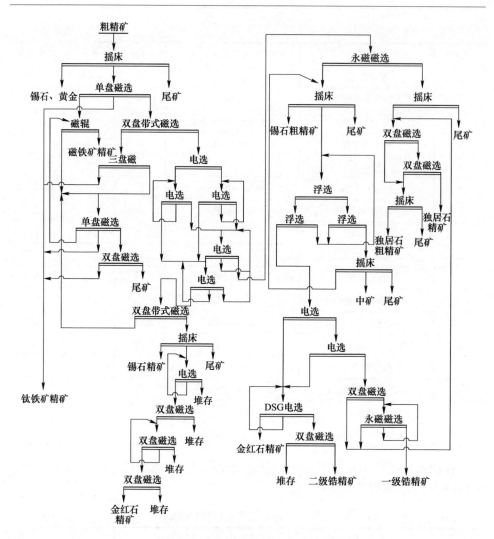

图 7-3　乌场钛矿精选厂工艺流程

表 7-6　乌场钛矿精选厂技术指标

年份	钛铁矿精矿		锆石精矿		金红石精矿	独居石精矿
	品位 TiO_2/%	回收率/%	品位 $Zr(Hf)O_2$/%	回收率/%	品位 TiO_2/%	品位 $TR_2O_3+TRO_2$/%
1982	50.25	88.65	65.31	46.00	87.95	61.92
1983	50.31	81.19	65.21	47.00	89.65	61.77
1984	50.26	81.98	65.10	47.50	90.14	61.10
1985	50.46	81.92	65.04	49.50	90.21	61.10
1986	50.40	81.70	65.15	51.00	90.05	60.90

　　该厂精选工艺采用预先摇床重选丢尾，磁选选出钛铁矿精矿，然后电选分组，再用强磁选、电选、浮选、重选等工艺进行分离提纯，回收金红石、锆石、独居石等产品。

7.1.2　海南南港钛矿

7.1.2.1　概况

　　南港钛矿位于海南省琼海市境内。该矿于1970年开始筹建，1973年投产，设计规模为年产钛精矿11000t，1982年建成了年处理能力为600万吨的干采、水运、螺旋溜槽选别的小型采选厂，1987年建成了年处理规模为2000万吨的干采、干运、螺旋溜槽选别的移动式采选厂。精选厂的精选流程为重选—磁选—电选—浮选流程。以回收钛铁矿为主，并综合回收锆石、独居石等。

7.1.2.2　矿床概况及矿石性质

　　南港海滨砂矿矿区南北走向沿海岸线分布，地貌为沙堤和砂地两种，矿床属含钛铁矿、锆石、独居石的综合海滨沉积砂矿。矿体出露地表，形态比较完整，厚度变化不大，位于海平面以上，适合干采。矿石中有50多种矿物，其中有工业价值的矿物主要有钛铁矿、独居石、锆石，其次为少量及微量的锐钛矿、金红石、白钛石、磷钇矿、锡石及自然金等。脉石矿物以石英为主，其他为长石、高岭土、角闪石、绿帘石、电气石及石榴子石等。全区矿物平均品位为钛铁矿 $41.6kg/m^3$、独居石 $0.41kg/m^3$，原矿主要化学成分分析及矿物相对含量分别见表7-7和表7-8。

表 7-7　原矿主要化学成分分析结果　　　　　　（%）

成分	TiO_2	$Zr(Hf)O_2$	TR_2O_3	Sn	TFe	Al_2O_3	K	Na
含量	1.16	0.058	0.045	0.0013	2.21	2.12	1.5	0.48
成分	Ca	Mg	P	SiO_2	W	Mo	F	Au
含量	0.6	0.12	0.12	86.24	0.0015	0.0006	0.006	0.1g/t

表 7-8　原矿矿物相对含量　　　　　　（%）

矿物	含量	矿物	含量
钛铁矿	1.655	磷钇矿	0.001
钛磁铁矿	0.254	钍石	0.001
磁铁矿	0.174	自然金	15g/t
褐铁矿	0.291	铁铝榴石	0.103

矿物	含量	矿物	含量
独居石	0.036	钙铝榴石	0.102
锆石	0.087	黄玉刚玉、尖晶石	0.028
白钛石	0.118	角闪石、电气石	2.739
锐钛矿金红石	0.015	石英、长石、方解石	94.142
榍石	0.242	合计	100.00
锡石	0.002		

　　南港钛矿矿石粒度比较均匀、偏粗、含泥量少，90%的矿物集中在−0.8mm+0.2mm 粒级中，有用矿物富集于−0.32mm+0.08mm 粒级。有用矿物与脉石矿物间存在着明显的粒度差，适用筛选丢弃。原矿样筛分分析结果见表 7-9。

表 7-9　原矿样筛分分析结果

粒级/mm	产率/%	品位/%			金属分布率/%		
		TiO_2	ZrO_2	TR_2O_3	TiO_2	ZrO_2	TR_2O_3
+1.6	0.97	0.11	0.01	0.012	0.09	0.14	0.35
−1.6+1.25	3.79	0.23	0.03	0.042	0.71	1.39	4.84
−1.25+0.80	16.02	0.10	0.013	0.010	1.31	3.09	4.87
−0.80+0.63	22.12	0.19	0.01	0.010	3.43	3.28	6.73
−0.63+0.50	15.57	0.167	0.015	0.016	2.41	3.47	7.58
−0.50+0.40	16.77	0.185	0.016	0.016	3.42	3.24	8.16
−0.40+0.32	12.28	0.72	0.02	0.019	7.01	3.64	7.09
−0.32+0.20	5.94	3.73	0.05	0.048	21.40	5.15	10.13
−0.20+0.10	3.94	15.38	0.85	0.26	49.44	49.68	31.15
−0.10+0.08	1.94	11.38	1.65	0.55	9.60	25.46	17.39
−0.08	0.66	2.01	0.14	0.10	0.92	1.16	1.71
合计	100.00	1.23	0.067	0.033	100.00	100.00	100.00

7.1.2.3　工艺流程及技术指标

　　采选厂技术指标均以干采、干运、筛选、螺旋选矿机工艺为准。南港钛矿粗选工业试验选矿工艺流程如图 7-4 所示。

　　用 ZL-50 型装载机干采，采出矿石运至矿仓，经皮带给矿机控制矿量，经皮带运输机输送到移动选矿厂，然后原矿造浆，隔渣筛筛下物给入细筛筛选。采用 YQ3-1007 型高频细筛，筛选用筛采用高频率、低振幅振动、三路给矿、重叠筛

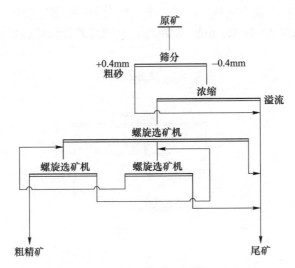

图 7-4 南港钛矿粗选工业试验工艺流程

网、封闭振动器，具有筛分效率高、处理量大、运转平稳及筛孔不易堵塞等优点。原矿经 0.4mm 预先筛分，丢弃 40% 左右的筛上物后送螺旋选矿机选别。

螺旋选矿机是澳大利亚矿床公司（M.D.L）生产的，螺旋的断面形状由抛物线、立方抛物线、直线及圆四种线型复合而成，不等距螺旋。螺旋选别流程结构为一次粗选、中矿再选及精选。

筛选-螺旋粗选流程简单，事先筛去 40% 以上的低品位筛上物，提高了入选矿石品位，减少了入选矿量及设备投资，缩小了入选粒度范围，与单一螺旋溜槽流程相比，投资及动力消耗节省 40%，金属回收率提高 10% 以上。该工艺技术指标见表 7-10。

表 7-10 筛选-螺旋粗选流程技术指标

产品名称	产率/%	品位/%		回收率/%	
		TiO_2	ZrO_2	TiO_2	ZrO_2
粗精矿	4.32	30.81	1.76	74.35	77.57
筛上物	41.87	0.28	0.027	6.55	11.62
尾矿	53.81	0.64	0.02	19.10	10.81
原矿	100.00	1.79	0.10	100.00	100.00

精选厂以生产钛铁矿精矿为主，对独居石、锆石、金红石等伴生矿物也具有一定的综合回收能力，现有生产能力为年产钛精矿 12000t。精选厂由钛铁矿、独居石和锆石三个精选车间组成。

粗精矿首先采用重选法丢弃大部分脉石矿物，然后用干式磁选获得钛铁矿精矿。选钛的尾矿用重选、磁选、浮选、电选法分别获得锆石精矿和独居石精矿。精选流程如图 7-5 所示，1983 年精选厂生产技术指标见表 7-11。

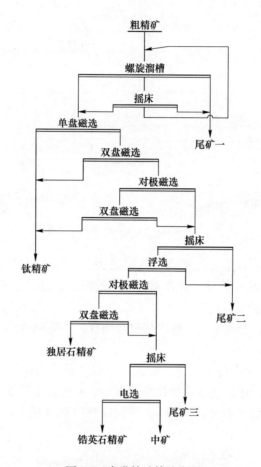

图 7-5　南港钛矿精选流程

表 7-11　1983 年精选厂生产技术指标　　　　　　（%）

产品	品位	回收率
钛铁矿精矿	TiO$_2$ 49.7	77~84
独居石精矿	TRE 60.0~65.0	71.0
锆石精矿	ZrO$_2$ 60.0~65.0	60.0

7.1.3　海南沙老钛矿

沙老钛矿位于海南岛琼海县长坡乡沙老河旁，该矿是海南岛东部沿海海滨沉积的钛铁矿、锆石、独居石砂矿中规模较大的矿床之一。

沙老矿全区共 6 个矿体,其中 V 号、M 号矿体最大。矿体分水上矿体和水下矿体。含钛铁矿 $22.7 \sim 34.6 \mathrm{kg/m^3}$,含锆石 $2.3 \sim 4 \mathrm{kg/m^3}$。

沙老矿石中除含钛铁矿、锆石外,还含有独居石、金红石和白钛石等有用矿物,脉石矿物主要有长石和石英,脉石矿物主要集中在 $+0.4 \mathrm{mm}$ 粒级中,各种有用矿物绝大多数呈单体矿物存在。

采矿采用采砂船开采法,该法是利用一个飘浮式设备完成水下砂矿的采掘、提升、选矿以及将尾砂排弃的作业方式,采用采砂船和选矿船布置在同一湖面上,两者通过输浆管道连接。

采砂船从水下采的矿浆由砂泵运送至选矿船,然后用螺旋选矿机分选出毛精矿和尾矿,毛精矿由砂泵输送上岸,尾矿则用砂泵排放至采空区,由于采矿用水和选矿用水构成闭路循环,对周围环境不会产生污染。

采矿使用绞吸式采砂船,该船由船体、挖掘机构、泵、水枪、定位系统组成。最大挖掘深度 7.5m,扬程 20.6m,生产能力 100t/h,回采时将采矿船绞刀下放至湖底,使之与砂矿层接触,开动绞刀,使砂石松动,并且导向砂泵吸管口,随着水下矿体的采掘,水上矿体自然滑落至矿浆中,砂泵将矿浆吸上,经泵管输送到选矿船顶部。采砂船上还备有水枪,用来冲垮高陡坚实的边帮,使之缓慢滑落至湖中。采砂船的移动、定位由船上的卷扬机完成。

根据原矿矿石性质,选择螺旋选矿机作主要重选设备。选矿船主要由船体、分矿器、螺旋选矿机、起吊设备、定位装置、上下操作平台等构成。来自采砂船的矿浆通过隔渣筛除掉杂草和卵石后,经分矿器进入粗选螺旋选矿机中。经一次粗选、一次精选及中矿再选,获得粗精矿,并泵送到岸上的精选厂中。选矿船的粗选选矿原则流程如图 7-6 所示。

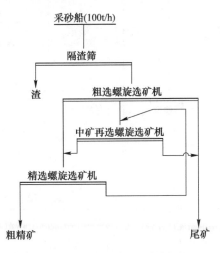

图 7-6 沙老钛矿粗选原则流程

沙老钛矿精选工艺的特点是采用预先筛分丢弃粗砂,然后进行磁选回收钛铁矿,磁选尾矿再用摇床丢尾并分组,对摇床分组产品采用磁选、电选及浮选等工艺回收锆石、金红石、独居石等产品。该厂精选工艺流程如图 7-7 所示,技术指标见表 7-12。

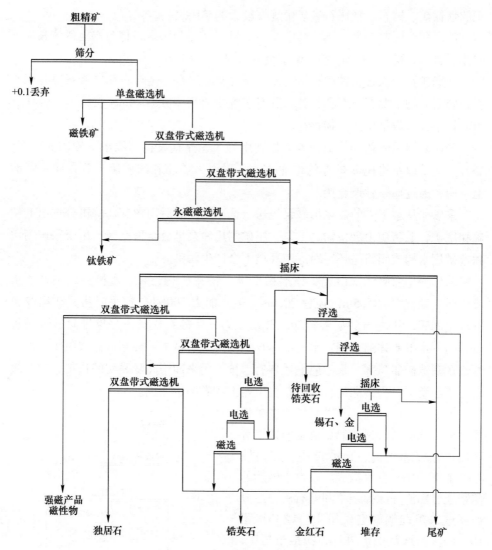

图 7-7　沙老钛矿精选工艺流程

表 7-12　沙老矿精选技术指标

年份	钛铁矿			锆石	独居石	金红石			
	产量/t	品位 TiO$_2$/%	回收率 /%	产量/t	品位 ZrO$_2$/%	产量/t	品位 R$_2$O$_3$/%	产量/t	品位 TiO$_2$/%
1980	9791	51	90.4		62~65	48	63	45	90.76
1981	9574	51	89.6		62~65	54	61	42	90.57

7.1.4 广东南山海稀土矿

7.1.4.1 概述

南山海稀土矿位于广东省西南沿海阳江市境内。距湛江 230km，为该矿水运出口港，距茂名 140km，有铁路通全国各地。

南山海矿属较大型海滨砂矿，主要有用矿物为独居石、磷钇矿等含轻稀土矿物，伴生矿物有锆石、金红石、钛铁矿、白钛石等。已探明储量为独居石 36000t，锆石 52000t，含钛矿物 71000t。矿体平均标高 5~8m，矿物粒度比较均匀，+0.833mm 仅占总量的 9.5%，-0.074mm 占 4.65%。开采条件较好。

该矿于 1958 年勘探，同时开始土法开采。1970 年开始建厂，1973 年建成第一采选厂，日处理原矿能力为 2000t，年产精矿 1200t。1977 年建成第二采选厂，日处理能力 2000t，形成了 4000t/d 的生产能力，年产精矿能力为 3600t。

7.1.4.2 矿石性质

南山海稀土矿是以锆石、独居石为主的海滨砂矿，重矿物含量较低，以石英为主的轻矿物含量达 98.68%，独居石含量为 0.0516%，磷钇矿为 0.0107%，钛铁矿为 0.1722%，锆石含量为 0.1355%。有用矿物集中在 -0.15mm 粒级，除磷钇矿外，80% 集中分布在 0.11~0.074mm 粒级。原矿多元素分析结果和主要有用矿物多元素分析结果分别见表 7-13 和表 7-14。

表 7-13 原矿多元素分析结果 （%）

元素	TR_2O_3	TiO_2	ZrO_2	ThO_2	Ta_2O_5	Nb_2O_5	CaO
含量	0.047	0.31	0.152	0.005	0.0012	0.0024	0.48
元素	Sn	SiO_2	Al_2O_3	Fe	MgO	烧碱	
含量	0.033	93.87	1.94	0.71	0.18	0.12	

表 7-14 主要有用矿物多元素分析结果 （%）

钛铁矿	元素	TiO_2	FeO	Fe_2O_3	MnO	$(Ta, Nb)_2O_5$	CaO
	含量	52.19	32.40	10.14	2.94	0.03	0.35
独居石	元素	TR_2O_2	Ce_2O_2	ThO_2	P_2O_5	UO_2	
	含量	55.25	29.97	10.20	30.36	0.30	
磷钇矿	元素	Y_2O_3	Ce_2O_3	ThO_2	P_2O_5	UO_3	
	含量	46.93	0.13	0.07	33.24	0.57	
锆石	元素	ZrO_2	HfO_2	SiO_2	P_2O_5	UO_3	ThO_2
	含量	64.74	1.11	30.84	0.40	0.07	0.0027

7.1.4.3　采选厂

南山海稀土矿现有采选厂两座，第一采选厂建于 1973 年，原设计为水采、水运、大型跳汰机选别流程；第二采选厂建于 1977 年，设计流程为水采、水运、摇床选别流程。两座采选厂规模均为日处理原矿量 2000t。其中第二采选厂建成后仅经短时间试产，一直未投入生产使用；第一采选厂因原设计采用的大型跳汰技术经济效果不佳，现改为分级螺旋溜槽选别进行生产，改进后使回收率由原来的 50%～60%提高到 70%以上，成本也有明显降低。

现生产的第一采选厂，采矿仍用水枪开采，砂泵运输。采出矿先进行水力分级分为三个级别，第一、二级产品再经 2mm 振动筛筛分，筛上丢弃，筛下进入螺旋溜槽选别。

溢流经沉淀池脱泥后进入螺旋溜槽选别。三个级别螺旋溜槽均得到三个产品，即粗精矿、中矿和尾矿。粗精矿送精选厂精选，中矿集中浓缩后进行螺旋溜槽再选，得出粗精矿及尾矿，中矿返回浓缩斗；尾矿用砂泵扬送至尾矿场。该矿采选厂粗选工艺流程如图 7-8 所示，技术指标见表 7-15。

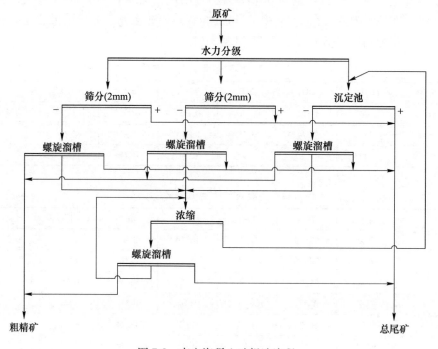

图 7-8　南山海稀土矿粗选流程

表 7-15 南山海稀土矿粗选技术指标

处理量/t·d⁻¹	原矿品位/%	粗精矿品位/%			回收率/%	粗精矿产量/t·a⁻¹
		TR$_2$O$_3$	ZrO$_2$	TiO$_2$		
2000	0.509	1.80	3.69	4.79	87.99	8799

7.1.4.4 精选厂

该矿有精选厂一座，1973 年建成投产。精选厂生产所用粗精矿大部分自给，小部分收购民采产品。自产粗精矿可由采选厂自流到精选厂，粗精矿入厂后先用摇床进一步丢弃低密度脉石，摇床粗精矿再用磁选、浮选、电选及重选等联合工艺获得独居石、磷钇矿、钛铁矿、锆石等产品，精选工艺流程如图 7-9 所示，技术指标见表 7-16。

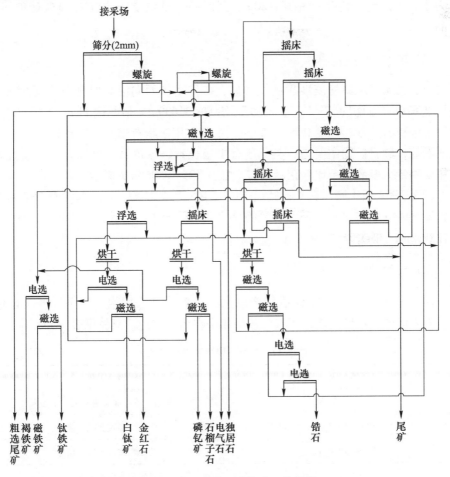

图 7-9 南山海稀土矿精选工艺流程

表 7-16　南山海稀土矿精选技术指标

处理量 /t·d⁻¹	原矿品位/%			精矿品位/%			回收率/%		
	TR₂O₃	ZrO₂	TiO₂	TR₂O₃	ZrO₂	TiO₂	TR₂O₃	ZrO₂	TiO₂
46.0	2.85	6.06	7.40	61.60	65.10	49.00	72.10	69.80	12.70

7.1.5　广东甲子锆矿

7.1.5.1　概述

甲子锆矿位于广东省东南沿海陆丰市甲子镇西南 2km。矿区距县城东海镇 51km，向东距汕头市 112km，甲子港可泊 600t 轮船，水陆交通比较方便。

该矿 1958 年建矿并投产，三年后停产，1966 年恢复生产。主要产品以锆石为主，生产能力为年产精矿 1200t，副产品有钛铁矿、金红石和少量独居石产品。

7.1.5.2　矿石性质

甲子锆矿矿床属海滨堆积砂坝砂矿，矿体呈东西向沿海岸分布，长 5500m，平均宽 870m，面积 4.738km²，矿体平均厚度 3.639m，最厚达 11m。矿石主要组成物为细粒石英砂，粒度 0.5~0.1mm，主要有用矿物有锆石、钛铁矿、金红石、独居石等，脉石矿物主要为石英，还有少量长石、绿帘石、电气石、石榴石等。有用矿物绝大多数呈单体存在，多富集在 0.125~0.063mm 粒级。

截至 1982 年年底保有矿石储量 1317.2168 万立方米，其中有锆石 28774.8t，钛铁矿 75446.5t，平均地质品位锆为 2.185kg/m³（ZrO₂ 为 0.0908%），钛铁矿 5.728kg/m³（TiO₂ 为 0.185%）。

7.1.5.3　采选工艺

该矿采选厂自 1966 年建成投产以来，采矿一直采用水枪开采，砂泵运输，但技术经济效果不够理想，粗选工艺历年来在不断改造，具体见表 7-17。

表 7-17　1958~1979 年粗选工艺

年　份	粗选工艺
1958~1961 年	三角槽、轮胎螺旋选矿机—土摇床
1967~1973 年	广东Ⅰ型跳汰机—摇床
1974~1978 年	轮胎螺旋选矿机—摇床
1979 年	塑料螺旋溜槽和螺旋选矿机

甲子锆矿为海滨砂矿，原矿中主要矿物含量为锆石 0.3352%、钛铁矿 0.7006%、白钛石 0.145%、独居石 0.0158%、金红石和锐钛矿 0.0749%、铁矿物 0.0576%、绿帘石 0.0608%、电气石 0.0798%、石英和长石 98.5338%。锆石和钛矿物在各粒级中相对含量分布见表 7-18。

表 7-18 锆石和钛矿物在各粒级中的分布

粒级/mm	锆石/%	钛铁矿/%	白钛石/%	金红石和锐钛矿/%
+0.32		1.20		
-0.32+0.20		1.40	2.00	
-0.20+0.16	1.00	4.30	6.00	0.50
-0.16+0.10	7.10	27.40	45.00	22.30
-0.10+0.08	76.40	58.60	45.00	74.20
-0.08	15.50	7.10	2.00	3.00
合计	100.0	100.0	100.0	100.0

原矿经筛析，-0.08mm 粒级中 ZrO_2 分布率占 29.1%，TiO_2 分布率占 16.73%。从表 7-18 结果看出，主要有用矿物的粒度都在 0.1mm 以下，特别是锆石的粒度在 0.1mm 以下占 91.9%，其中-0.08mm 的锆石占 15.5%。而-0.08mm 粒级中 ZrO_2 分布率占 29.1%。这说明该矿石用重选法粗选，其回收率将会受到影响。

甲子锆矿的粗选工艺如图 7-10 所示，各时期生产技术指标列入表 7-19 中。

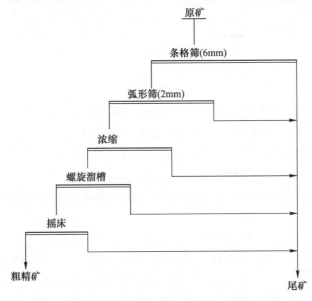

图 7-10 甲子锆矿粗选工艺流程

表 7-19　各时期生产技术指标　　　　　　　（%）

生产流程	原矿品位		粗精矿品位		回收率	
	ZrO$_2$	TiO$_2$	ZrO$_2$	TiO$_2$	ZrO$_2$	TiO$_2$
跳汰—摇床	0.183		6.71	12.76	51.81	
轮胎螺旋选矿机—摇床	0.263	0.756	10.67	15.70	49.68	25.42
塑料螺旋溜槽	0.349	0.840	8.86	20.76	57.21	55.94

为了提高粗选技术指标，进行了新型粗选设备试验，所用试验设备为广州有色金属研究院研制的 GL-600 型双头螺旋选矿机。该设备螺旋直径为 600mm，螺距为 360~400mm，给矿重砂品位小于 10%，给矿浓度 25%~45%，处理量 3~4t/h。试验结果见表 7-20。

表 7-20　螺旋粗选方案试验结果　　　　　　　（%）

产品名称	产率	品位		回收率	
		ZrO$_2$	TiO$_2$	ZrO$_2$	TiO$_2$
粗精矿	2.04	4.89	11.49	84.67	63.21
中矿	7.80	0.06	0.65	3.70	12.75
尾矿	90.16	0.02	0.13	11.63	24.04
给矿	100.0	0.15	0.48	100.0	100.0

7.1.5.4　精选工艺

该矿精选厂是 1958 年扩建改造而成的，精选作业包括重选、磁选、电选、浮选等工艺。拥有有摇床 27 台、电选机 5 台、各种磁选机 8 台、浮选机 8 台 14 槽，精选工艺流程如图 7-11 所示，精选技术指标见表 7-21。

表 7-21　精选技术指标

处理粗精矿			精矿产量/t					精选回收率/%			
处理量 /t·a^{-1}	品位/%		锆石精矿	钛铁矿精矿	金红石精矿	独居石精矿	锡石精矿	ZrO$_2$	TiO$_2$		
	ZrO$_2$	TiO$_2$							钛铁矿	金红石	合计
9115	10.92	22.98	1198	2175	151	5.46	4.99	85.47	59.28	7.06	66.34

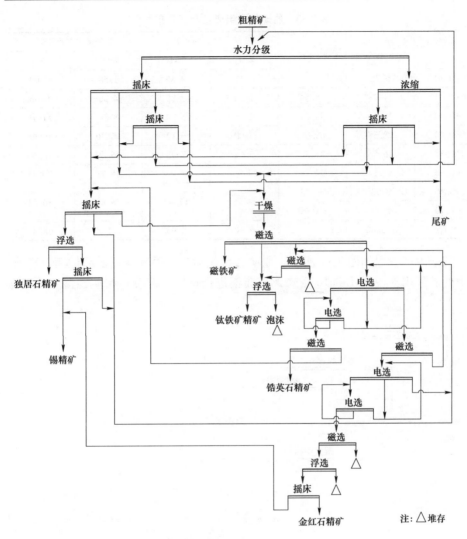

图 7-11 甲子锆矿精选工艺流程

7.1.6 朝鲜海州锆矿选矿厂

朝鲜海州锆矿属典型的海滨砂矿，是原生矿经天然风化、破碎，并在海浪作用下富集而成。原矿含有磁铁矿、钛铁矿、锆石及少量独居石等有用矿物。其主要元素分析结果见表 7-22，原矿粒度组成及金属分布见表 7-23。原矿粒度较粗，有用矿物主要集中在-0.63mm+0.10mm 粒级中，-0.10mm 矿量仅占原矿的 0.72 %。

表 7-22 原矿主要元素分析结果 （%）

元素	ZrO$_2$	TiO$_2$	TR$_2$O$_3$	TFe	其他
含量	5.10	8.93	0.098	11.48	74.392

表 7-23　原矿粒度组成及金属分布

粒级 /mm	产率 /%	积累产率/%	品位/%		金属占有率/%	
			ZrO$_2$	TiO$_2$	ZrO$_2$	TiO$_2$
+0.80	6.76		1.19	9.36	1.58	7.09
+0.63	11.78	18.54	1.86	7.32	4.30	9.66
+0.50	18.10	36.64	2.35	5.80	8.34	11.76
+0.40	28.38	65.02	3.00	6.12	16.70	19.46
+0.32	16.56	81.58	5.14	8.98	16.69	16.66
+0.20	11.17	92.75	11.77	16.59	25.78	20.76
+0.10	6.53	99.28	18.72	17.99	26.61	14.61
-0.10	0.72	100.00				
合计	100.00		5.10	8.93	100.00	100.00

工业生产流程如图 7-12 所示。原矿经预先筛分，丢弃少量低品位筛上产物，筛下产品采用新型 TGL-0610 塔式螺旋溜槽进行选别，螺旋粗精矿经湿式弱磁选

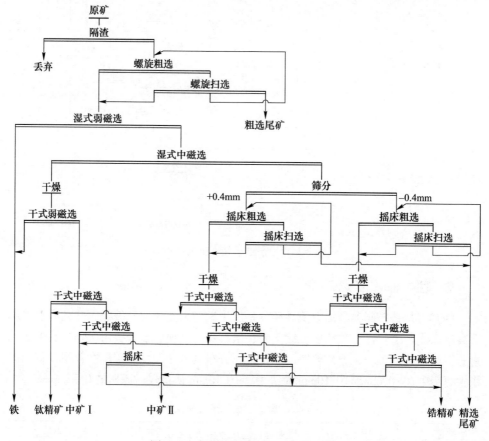

图 7-12　朝鲜海州锆矿工业生产流程

出强磁性铁矿物，湿式中磁选出钛铁矿后，非磁产品采用摇床进一步选别，获得含 ZrO_2 54.10% 的摇床精矿，中磁选出的钛铁矿及摇床精矿烘干，再进一步精选，可获得品位 ZrO_2 64.47%，对原矿回收率为 84.20% 的综合锆石精矿及品位 TiO_2 49.24%，对原矿回收率为 57.94% 的综合钛铁矿精矿。

7.1.7 澳大利亚西部钛矿公司选矿厂

西部钛矿公司选矿厂自 1965 年开始生产，选别澳大利亚西部的海滨砂矿。该矿采用重选、磁选、电选联合流程，处理原矿 60t/h。精矿重矿物含量为 93%~95%，产量为 25~35t/h。重矿物组成为：钛铁矿 70%~85%、锆石 3%~5%、独居石小于 4%、金红石小于 5%、白钛石 1%~20%、石榴石小于 15%，还有少量电气石、十字石、尖晶石、黑云母及褐铁矿等，该厂通过两次湿选两次干选选出钛铁矿精矿，并综合回收金红石、白钛石、锆石、独居石等精矿。

原矿入厂先经筛孔为 9.5mm 的圆筒筛筛分，筛下产物再进行筛分，+4mm 的筛上物丢弃，−4mm 的筛下物分级脱水。分级箱的粗砂再经一台弧形筛、一台艾利斯、查默斯筛分机筛分，筛下产物粒度小于 0.6mm，送至螺旋选矿机粗选及三段螺旋选矿机精选，产出粗精矿。一次湿选流程如图 7-13 所示。

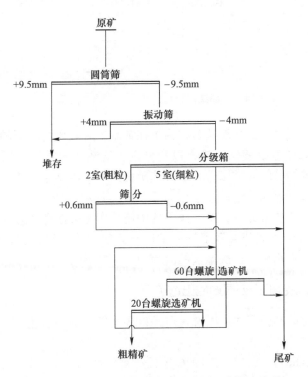

图 7-13 西部钛矿公司选矿厂一次湿选流程

一次湿选粗精矿先在木板或混凝土的棕席晒干72h，使精矿含水降低到5%~7.5%，然后送入旋转干燥机（长10.7m、直径1.95m），在温度为55~65℃的条件下干燥，干燥物经过在运输机上冷却后进行筛分（0.6mm），筛上物返回一次湿选厂，筛下物采用32台拉彼德四极三盘磁选机和一台交叉带式磁选机选收钛铁矿，磁选尾矿采用四辊高压电选机和三台拉彼德四极三盘磁选机回收剩余的钛铁矿，一次干选流程如图7-14所示。

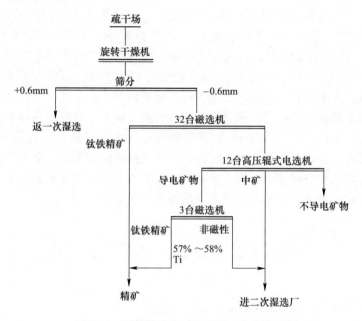

图7-14 西部钛矿公司选矿厂一次干选流程

一次干选尾矿再进行二次湿选时，为了在常温下脱除矿物表面的氧化铁，采用低浓度氢氟酸和焦亚硫酸钠清洗，以利分选。清洗后的物料经螺旋选矿机粗选，螺旋选矿机的结分级入摇床选，螺旋选矿机的中矿再用摇床选，中矿再选的精矿返回至摇床选，摇床的精矿经浓缩加药、擦洗后入二次干选厂。二次干选采用四段筛板式静电选矿机分选，在二次干选中还采用了极性交替方式改善了分选效果，静电选后的导体部分再经电选、磁选与其他矿物分离，获得锆石、独居石、金红石、白钛石精矿。二次湿选的流程如图7-15所示。

7.1.8 澳大利亚联合矿产公司埃尼巴选矿厂

澳大利亚联合矿产公司埃尼巴选矿厂是世界上第二大锆石生产厂家，年产锆石13万吨。

埃尼巴（Eneabba）选矿厂于1976年投产，年产精矿20万吨，其中包括7万吨锆石精矿，3.5万吨金红石精矿，少量独居石，其余为钛铁矿精矿。矿区重

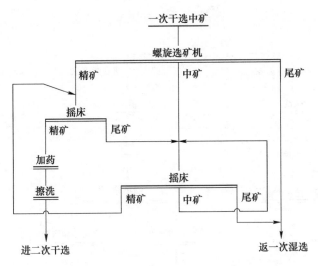

图 7-15　西部钛矿公司选矿厂二次湿选流程

矿物储量为 1000 万吨，重矿物平均含量为 17%，矿石粒度极不均匀，砂砾和泥含量都比较高，钛铁矿含 TiO_2 58%~60%，质量很好。

该矿采用大型推土机及铲运机干采，沿工作面顺坡采矿，工作面宽 300m，挖掘深度 3~10m，年采矿量 700 万吨，采出的矿石先定点堆放，然后采用大型前端式装载机给入一段筛分作业，筛下产物给入二次筛分作业，通过两次筛分除去卵石、杂草及 +3mm 的粗砂，二次筛分作业筛下产物经旋流器脱泥，底流再经过一次控制筛分（筛孔尺寸为 3mm）和浓缩后进入圆锥选矿机选别，产出粗精矿和尾矿。

该矿区严重缺水，为了充分利用回水，采取了两项措施，一是将粗选厂溢流放入三个直径为 80m 的大型浓密机中，浓密机溢流返回再用；二是将筛分出的砾石分段筑坝，将浓密机沉淀的矿泥及粗选尾矿输送至库内，经澄清、渗滤的水返回到水源地。

精选厂按图 7-16 的流程进行生产，产出了钛铁矿精矿、金红石精矿和锆石精矿。

7.1.9　澳大利亚西澳砂矿凯佩尔选矿厂

凯佩尔（Capel）矿区距海岸约 15km，矿体与海岸线平行，原矿重矿物含量为 12%~15%，其中钛铁矿占 75%，白钛石和锆石各占 10%，金红石占 1%，独居石占 0.5%。

该矿采用 25m³ 铲运机干采，并用一台推土机松动板结地段的矿石，采出的矿先运往堆矿场，运输距离约 400m，然后用装载机给入筛孔为 150mm 的振动格

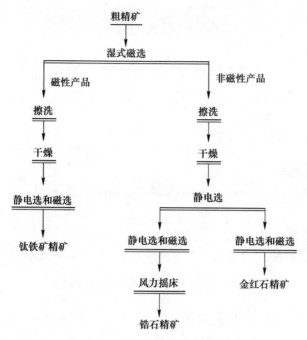

图 7-16　埃尼巴精选厂生产流程

条筛筛分，筛下产物经第二和第三段筛分，筛上物经擦洗圆筒筛及气动筛筛分，筛除+2mm 粒级物料作废石丢弃，筛下-2mm 粒级经旋流器浓缩后与第三段筛筛下物合并进入粗选段选别，全部用圆锥选矿机粗选，通过一次粗选、一次扫选和两次精选的选别，获得供精选处理的粗精矿。

　　粗精矿中有用矿物以钛铁矿为主，进入精选段后，先用干式磁选机选出钛铁矿，选钛后的物料用螺旋选矿机进一步排除轻矿物，然后经干燥后再进行电选、磁选及重选选出独居石精矿、锆石精矿、白钛石精矿。精选厂流程如图 7-17 所示。

7.1.10　澳大利亚纳勒库帕选矿厂

　　澳大利亚纳勒库帕（Narecoopa）选矿厂位于澳大利亚金岛，是一座海滨砂矿，1969 年投产。矿床含重矿物约 50%，有用矿物主要为锆石和金红石，其次为白钛矿、钛铁矿、磁铁矿、石榴石和锡石，其湿选流程如图 7-18 所示。

　　采出的原矿（4mm）进入粗选长预先筛分，筛上产物丢弃，筛下产物给至 32 台福特型螺旋选矿机粗选，中矿再经 12 台螺旋选矿机再选。两次螺旋选矿机精矿用砂泵扬至 3 台吉尔型磁选机磁选，磁性产物即为钛铁矿精矿，非磁性产物经过 Uinatex 喷射冲击箱擦洗，再给入 8 钛摇床选别。摇床精矿为锡精矿，次精矿为含锆石、金红石的粗精矿。摇床中矿返至本摇床作业，尾矿至中矿再选的螺

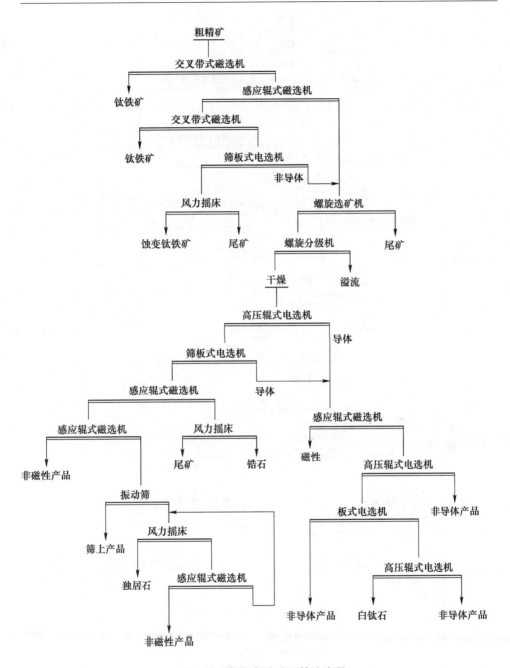

图 7-17 凯佩尔选矿厂精选流程

旋选矿机。

粗精矿采用高压电选、强磁选及风力摇床干选联合流程精选，获得锆石和金红石精矿，其干式精选流程如图 7-19 所示。

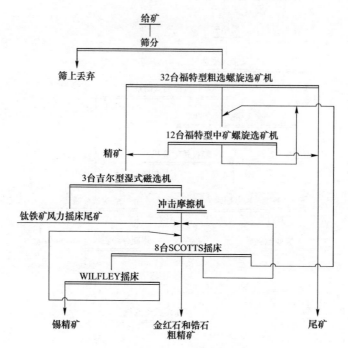

图 7-18　纳勒库帕金红石公司湿选厂流程

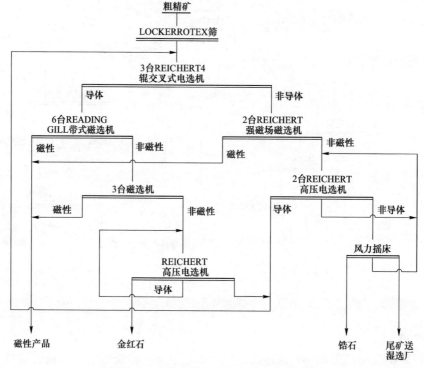

图 7-19　纳勒库帕金红石公司干选厂流程

7.1.11 塞拉利昂金红石公司采选厂

塞拉利昂金红石矿山位于西非塞拉利昂首都佛里顿东南270km处，靠近莫扬巴和邦地区谢布罗岛附近的大西洋海岸，可开采利用的金红石矿床较多。开采的是储量最大、品位最高的莫格维摩矿床（Mogbowemo）。该矿床品位最高的表层平均含 TiO_2 2.5%，整个矿层平均含 TiO_2 大于2%。此外还伴生有锆石和钛铁矿，因量少尚未开采利用。

采矿采用 0.68m³ 采矿斗的多斗采砂船。船上共有68个料斗，每分钟挖掘速度26斗，挖掘深度为水平面以下15.25m，并可挖及水平面上6.1m。挖掘能力1445t/h，船质量2700t，安装功率为4200kW，由岸上电厂以13.2kV电缆供电。此外，为采矿还备有一些辅助设备，包括推土机4台、装载机1台等。

采出的矿石先用1台 5.74m×6.71m 擦洗机第一次洗矿，然后再给到另外两台擦洗机第二次洗矿。擦洗机排出的细粒部分分别送到16台德瑞克高频振动细筛筛分，筛上+1mm物料作为尾矿排除。筛下物料用砂泵通过一条有浮架支撑的直径为610mm的管道送到水上浮动湿选厂。浮动选矿厂为一单独浮船，与采砂船相距600m。

水上浮动选矿厂进行第一段湿选，第二段湿选在岸上选矿厂进行。

送到湿选厂的矿石，先经两段水力旋流器脱泥，旋流器沉砂粒度为1~0.063mm，TiO_2 品位为2%~4%，干矿量580t/h，经20台圆锥选矿机选别，精矿 TiO_2 品位提高到48%~51%。精矿量34.5t/h，用1台 Zippro 高压泵，通过7.62cm管送到岸上储矿场，储矿场可存摇床给矿10000t。

岸上选矿厂设备包括4台8室水力分级机。首先将第一段湿选精矿给入分级机分级，然后给入8台摇床，摇床精矿品位提高到含 TiO_2 70%左右，重矿物含量为95%。重矿物组成是金红石、假金红石、锆石、钛铁矿、独居石、石榴石及少量石英。

摇床精矿经过过滤、干燥后干选。进入干选流程的矿石，先经过极端卡普科（Corpco）高压辊式电选机电选，使非导体（锆石、石英、独居石和石榴石）与大部分导体（金红石与钛铁矿）分离。然后经几段筛分及感应辊式磁选机分出金红石和钛铁矿。由于锆石与金红石分离困难，1980年在流程中配置了8台MOL板式电选机。

干选厂处理矿石18.7t/h，金红石精矿产量13.2t/h，精矿中含 TiO_2 96%，ZrO_2 和 Fe_2O_3 的含量小于1%。

塞拉利昂年产10万吨金红石精矿的选矿生产流程如图7-20所示。

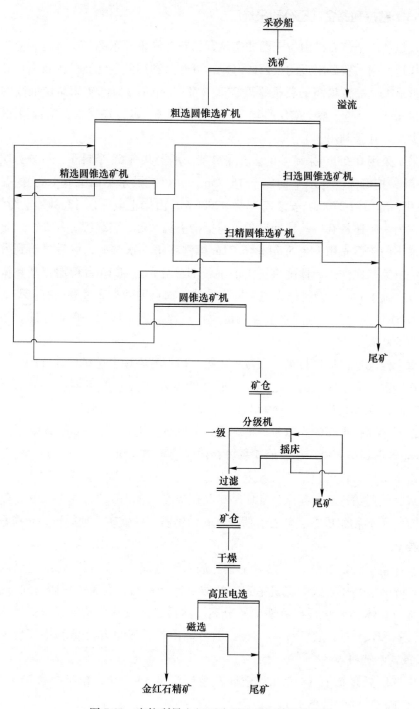

图 7-20　塞拉利昂金红石公司选矿厂精选流程

7.2 原生钛铁矿选矿厂

7.2.1 四川攀枝花选钛厂

攀西地区攀枝花选钛厂位于四川省攀枝花市，是我国钒钛磁铁矿最丰富的地区，于 1980 年投产。

攀枝花选钛厂原设计年处理矿石 1350 吨，产铁精矿 588 万吨。采用一段磨矿磁选流程，设计铁精矿含铁 53%，回收率 73%。实际生产铁精矿含铁 51.5%，回收率 75%～77%。共有 16 个生产系列，第一个生产系列于 1970 年建成，到 1978 年 16 个生产系列全部建成。

2005 年起，选矿生产流程改造为二段磨矿磁选，年处理矿石 1150 万吨，产铁精矿 490 万吨。铁精矿含铁 54%，回收率 69%。

选矿厂原矿采自朱家包包、兰家火山及尖包包矿区。米易及及坪、田家村矿区供应另一选矿厂——白马选矿厂的原矿。

目前，选矿厂球磨机仍为 $\phi3600mm \times 4000mm$ 湿式磨机，但一段分级已采用 $\phi500mm$ 旋流器，二段分级采用旋流器与高频细筛组合。一段磨矿粒度 0.6mm，二段磨矿粒度 0.2mm。

以选矿厂磁选尾矿为原料生产钛精矿的选钛生产厂建成于 1979 年底。该厂采用重-电选工艺流程处理 0.4～0.04mm 粒级物料，设计年产钛精矿 5 万吨。1992 年扩建至 10 万吨。钛精矿含 TiO_2 大于 47%。

1997 年 -0.04mm 粒级钛铁矿强磁-浮选流程工业试验获得成功后，形成年产 2 万吨钛精矿生产线。经不断完善与优化，2002 年和 2004 年相继建成处理选矿厂的全部 16 个生产系列磁尾以 0.065mm 分界的细粒级强磁-浮选生产流程及相配套的 +0.065mm 粒级重-电选流程生产系统。选钛厂年生产钛精矿达 30 万吨左右。

2009 年起开始对粗粒级采用强磁-浮选流程优化实践，钛精矿年产能达 47 万吨。

7.2.1.1 矿石性质

攀枝花矿区的钒钛磁铁矿属海西期辉长岩的晚期岩浆矿床。工业矿体在岩体中呈似层岩状产出，规模巨大，层位稳定。后因构造被破坏及沟谷切割，沿走向自东北向南分成朱家包包、兰家火山、尖包包、倒马坎、公山、纳拉菁等 6 个矿体。攀枝花辉长岩体长约 19km，宽约 2km。

矿石中主要金属矿物有钛磁铁矿、钛铁矿、少量磁铁矿、磁赤铁矿、雌黄铁矿、黄铁矿、镍黄铁矿、紫硫镍矿、硫钴矿等，脉石矿物主要有钛辉石、斜长石、橄榄石绿泥石等。矿石中铁钒钛元素的赋存状态见表 7-24。

表 7-24　攀枝花矿区铁、钛、钒赋存状态　　　　　　　（%）

矿区	矿物	含量	Fe		TiO$_2$		V$_2$O$_5$	
			品位	分配率	品位	分配率	品位	分配率
兰家火山尖包包	钛磁铁矿	43.5	56.70	79.3	13.38	56.0	0.6	94.1
	钛铁矿	8.0	33.03	8.5	50.29	38.7	0.045	1.3
	硫化物	1.5	57.77	2.8				
	钛辉石	28.5	9.98	9.1	1.85	5.1	0.045	4.6
	斜长石	18.5	0.39	0.2	0.097	0.2		
	合计	100.0	31.08	99.9	10.42	100.0	0.13	100.0
朱家包包	钛磁铁矿	44.9	55.99	80.4	13.37	52.1	0.54	97.8
	钛铁矿	10.4	32.81	10.9	49.65	44.8	0.05	2.2
	硫化物	1.5	51.48	2.5				
	钛辉石	26.7	6.64	5.7	13.40	3.1		
	斜长石	16.3	0.88	0.5				
	合计	100.0	31.24	100.0	11.52	100.0	0.247	100.0

从表 7-24 可以看出，钛磁铁矿中的铁占总铁金属量的 80% 左右，钛铁矿中的 TiO$_2$ 占总 TiO$_2$ 含量的 38%~44%。钒主要赋存于钛磁铁矿中。

钛铁矿为半自形或他形粒状，与钛磁铁矿密切共生充填于硅酸盐矿物颗粒间，形成海绵陨铁结构、网状结构。属岩浆晚期产物，钛铁矿分布较广，粒度为 0.4~0.1mm，是主要的回收对象。少量钛铁矿与钛磁铁矿嵌布于钛辉石和钛角闪石中，形成嵌晶结构，粒度较细，还有少量钛铁矿为伟晶岩期钛铁矿，粒度粗大，但含量少。

有 35% 的钴以微细含钴镍的独立矿物或以类质同象形态赋存于雌黄铁矿中，有 57% 的钴以微细包裹体形式赋存于钛磁铁矿中。

选铁后的尾矿给入选钛厂选钛。在选铁的磁选尾矿中主要含有钛铁矿、硫化物、钛辉石、斜长石等，同时也含有磁选选铁时剩余的钛磁铁矿。

选铁的尾矿一般含有 TiO$_2$ 8% 左右，含泥量较高，其中 -0.043mm 粒级含量达 34%~39%，+0.4mm 粒级中 TiO$_2$ 的含量不高，仅为 2%~4%，可作为尾矿丢弃。

在磁选尾矿中钛铁矿的单体解离度为 84.2%~87%。钛铁矿与钛磁铁矿紧密共生，在钛铁矿表面分布有网脉状镁铝尖晶石及西脉状赤铁矿，脉宽 1~2μm。钛铁矿的密度实测为 4.57g/cm^3，具弱磁性和良好的导电性。

磁选尾矿主要化学成分分析结果见表 7-25，主要矿物含量及性质见表 7-26。

表 7-25 磁选尾矿主要化学成分分析结果 （%）

成分	TFe	TiO₂	Co	Cu	Ni	MnO	SiO₂	Al₂O₃	P	S	CaO	MgO	V₂O₅
含量	13.82	8.63	0.016	0.019	0.010	0.187	34.40	11.06	0.034	0.609	11.21	7.60	0.044

表 7-26 磁选尾矿中主要矿物含量及性质

项目	钛铁矿	硫化物	钛磁铁矿	钛辉石	斜长石矿
相对含量/%	11.4~15.3	1.5~2.1	4.3~5.4	45.6~50.3	30.4~33.3
单体解离度/%	84.2~87.0	80.5~84.7	52.6~60.1	89.4~91.4	87.3~92.7
密度/g·cm⁻³	4.49~4.71	4.58~4.70	4.74~4.81	3.1~3.3	2.65~2.67
硬度/kg·mm⁻²	713~752	295~426	752~795	933~1018	762~894
比磁化系数/cm³·g⁻¹	240×10^{-6}	4100×10^{-6}	—	100×10^{-6}	14×10^{-6}
比电阻/Ω·cm	1.75×10^{5}	1.25×10^{4}	1.38×10^{6}	3.13×10^{13}	$>10^{14}$

7.2.1.2 试验研究工作

1975 年为建设选钛厂进行了选钛工艺流程的半工业试验，实验方案主要有重选—电选方案和磁选—重选—电选方案，重选—电选方案是以螺旋选矿机做粗选设备，以电晕电选机为精选设备的主体工艺流程方案；磁选—重选—电选方案是用强磁选机和螺旋选矿机为粗选设备，以电选为精选工艺的方案。

磁选尾矿先用水力分级机分成大于 0.1mm、−0.1mm+0.04mm 和−0.04mm 分级。水力分级的第一级采用螺旋选矿机粗选，粗选中矿再磨至−74μm 的占 40%后，再用螺旋溜槽、摇床选。第二级采用螺旋溜槽、摇床选。第一、二级所得的粗精矿经浮选脱硫后分别用电选法精选，电选经一次粗选、二次精选后可以得到含 TiO₂ 48%以上的钛精矿。

磁选—重选—电选方案是为了强化粗选作业，在螺旋选矿机选矿之前用湿式强磁选机对弱磁选尾矿进行强磁选，进一步丢弃尾矿，所获得的磁性产品再用螺旋选矿机选。

经过一次强磁选，第一级（0.4~0.1mm）可以获得含 TiO₂ 12.98%的粗精矿，作业回收率为 87.41%；第二级（0.1~0.04mm）可以获得含 TiO₂ 为 11.82%的粗精矿，作业回收率为 89.64%。第一级和第二级强磁选丢弃的尾矿产率分别为 48.28%和 34.97%，尾矿中 TiO₂ 损失率分别为 12.59%和 13.36%，两方案的试验结果见表 7-27。

表 7-27 两试验方案的试验结果对比

方案	产品	产率/%	品位（TiO₂）/%	回收率/%
重选—电选	钛精矿	7.37	48.86	50.07
磁选—重选—电选	钛精矿	8.66	48.71	53.39

两方案的对比试验表明，两方案的指标比较接近，磁选—重选—电选方案的指标略高。

两方案对水力分级第三级（-0.04mm）物料仅进行了脱泥和硫化矿浮选，并未获得钛产品。该粒级的产率为16.48%，含 TiO_2 7.67%，钛金属分布率为16.73%。

7.2.1.3　选钛厂试生产

1979 年建成选钛厂，选矿工艺按磁选—重选—电选方案工艺流程建设，后因强磁选作业所使用的笼式强磁选机的磁场强度低，达不到要求，因而决定采用重选—电选方案的流程进行生产。调试结果显示，钛精矿品位为 47.81%，回收率为 25.66%。试生产指标比试验指标仍有较大差距，其主要原因是水力分级机分级效果差，重选给矿中含有较多-0.04mm 粒级的细泥，影响了重选指标。

7.2.1.4　优化选矿工艺的试验和实践

A　圆锥选矿机选钛工艺及装备的研究

选钛厂的粗选设备为螺旋选矿机和螺旋溜槽，设备台数较多，生产管理困难。为了简化粗选流程，减少设备台数和水电消耗，降低选矿成本，广州有色金属研究院从 1981 年起进行粗选以圆锥选矿机为主体设备的选钛选矿工艺研究。

圆锥选矿机是一种高效的重选设备，本身处理能力很大，达到每台 $60~80t/h$，占地面积小，节水节电，易操作管理。在国外的重选厂，特别处理海滨砂矿的选厂得到了广泛的应用，国内在海南钨场钛矿、广西车河选厂的脉锡矿的选矿工艺中得到了应用。

以 2.5 个系列的选铁尾矿为原料，仅用 3 台圆锥选矿机就可以完成粗选工作，圆锥精矿品位为 26%~28%，粗选回收率为 27.17%~32.47%，粗精矿的产量达 $1.38~12.8t/h$，节省了 100 多台设备，水电费用降低了 45%。

1989 年又进行了以圆锥选矿机为粗选设备的精选工艺的试验，试验流程如图 7-21 所示。

选铁磁尾首先用隔渣筛除掉+1mm 的粗粒杂物，然后用水力旋流器浓缩和脱泥。水力旋流器沉砂经圆锥选矿机一次粗选、一次精选和一次扫选，得到钛粗精矿和粗选尾矿。精选圆锥选矿机尾矿和扫选圆锥选矿机精矿用螺旋选矿机选，得钛粗精矿。圆锥选矿机精矿和螺旋选矿机精矿合并作为钛粗精矿，含 TiO_2 27.16%，回收率为 57.44%。

钛粗精矿经筛分，+0.32mm 部分磨矿至-0.32mm 粒度，然后进行浮选脱除硫化矿，浮选槽内产品进行弱磁选选出强磁性铁矿物，然后分级，粗粒级用电选精选，细粒级用浮选获得钛精矿。经过精选后，可获得含 TiO_2 49.85%，回收率为 51.85%的钛精矿。

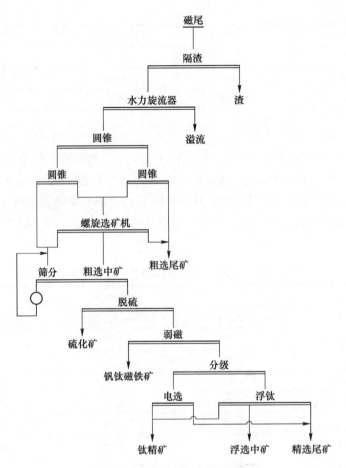

图 7-21 圆锥选矿机选钛工艺流程

整个选矿工艺比较简单，作业数较少，所用设备数量也比较少。选矿结果见表 7-28。

表 7-28 圆锥选矿机选钛试验结果 （%）

产品	产率	品位（TiO$_2$）	回收率
钛精矿	10.58	49.85	51.85
浮选中矿	0.44	16.0	0.72
精选尾矿	9.46	3.64	3.37
粗选中矿	1.89	12.10	2.25
粗选尾矿	67.62	5.05	33.57
渣	0.57	3.88	0.22
旋流器溢流	8.40	7.90	6.52

产品	产率	品位（TiO$_2$）	回收率
硫化矿	0.42	11.45	0.47
铁矿物	0.62	16.86	1.03
合计	100.00	10.17	100.00

B　细粒选别工艺的优化

随着采矿向深部开采，矿石性质发生了变化，采用重选—电选工艺选钛最有效粒级（-0.4mm+0.045mm）的含量由原来的60%左右降低到40%左右，而细粒（-0.04mm）部分钛金属量已上升至60%左右，细粒中的钛金属基本未回收，因而造成选钛厂回收率下降。原生产工艺中重选和电选的粒级回收情况见表7-29。

表 7-29　主要选别设备对钛铁矿各粒级回收率

粒级/mm	回收率/%		
	600mm 铸铁螺旋选矿机	1200mm 螺旋溜槽	YD-3 型电选机
>0.40	11.31	91.38	0
0.40~0.315	25.12	63.71	95.77
0.315~0.250	38.82	66.98	95.90
0.250~0.154	49.37	53.97	95.28
0.154~0.100	56.98	42.34	90.87
0.100~0.074	55.52	42.98	81.16
0.074~0.045	34.12	43.74	-59.25
<0.045	18.08	14.36	17.28
合计	44.85	46.36	84.18

细粒中的钛铁矿最有效的回收手段是浮选法。为了降低浮选选矿成本，需要预先脱除-0.019mm的部分细泥，并用高梯度湿式强磁选机富集，丢掉大部分非磁性脉石后再进入浮选作业。

赣州冶金研究所研制的 Slon 湿式强磁选机具有不堵塞、精矿富集比高的特点。1995年用 SLon-1500 型强磁选机选攀枝花细粒钛铁矿的工业试验，取得较好的试验指标。SLon-1500 型强磁选机的处理能力为每台 25t/h。当细粒级物料用 ϕ125mm 水力旋流器脱除-0.019mm 的细泥后，沉砂给入强磁选机，强磁选机给矿中含 TiO$_2$ 为 11.36%，强磁精矿含 TiO$_2$ 为 21.23%，作业回收率为 76.24%，丢弃的尾矿产率为 60%。

对于强磁选的精矿，先后有多家研究单位进行了钛铁矿的浮选试验，其中长沙矿冶研究院、广州有色金属研究院、中国地质科学院矿产综合利用研究所、攀钢矿山研究院、攀钢矿业公司等单位完成了 R-1、R-2、RST、ROB、F968、HO 等 6 种捕收剂的试验工作，取得了一定效果。

长沙矿冶研究院以强磁精矿为原料，以苯乙烯磷酸为捕收剂，以硫酸和草酸为调整剂，在给矿品位为 20.98% 时，精矿品位为 46.91%，作业回收率为 76.55%。

中国地质科学院矿产综合利用研究所对强磁选精矿以氧化石蜡皂为捕收剂，调整剂为草酸、水玻璃、硫酸。在给矿品位为 17.66%、精矿品位为 47.83% 时，浮选作业回收率为 60.97%。

1996 年，广州有色金属研究院以强磁精矿为原料进行了细粒钛铁矿浮选工业试验。试验以乳化塔尔油为捕收剂，以硫酸、CMC、水玻璃为调整剂进行了一次粗选、一次扫选及四次精选试验，当给矿含 TiO_2 为 24.47% 时，工业试验获得 TiO_2 为 45.16%，回收率为 69.74% 的钛精矿。

中南大学用 MOS 作为捕收剂进行浮选细粒钛铁矿的工业试验，以水玻璃和 CMC 为调整剂，给矿含 TiO_2 为 23.13%，经过一次粗选、一次扫选、四次精选的浮选试验，获得的精矿品位为 47.31%，回收率为 59.74%。1997~2001 年一直以 MOS 为捕收剂进行工业生产。

长沙矿冶研究院进行了 ROB 浮钛药剂的工业试验，当给矿品位为 21.65% 时，采用硫酸酸化水玻璃为抑制剂，SG 为活化剂，取得的钛精矿品位为 48.41%，作业回收率为 75.03%。

C 优化后形成的新的生产工艺

攀枝花钛选厂在过去重选—电选工艺流程的基础上，经过多年的技术攻关和技术改造，优化了选矿工艺。原来的选矿工艺由于原矿性质变化，钛铁矿粒度变细，而生产指标比建厂时有大幅度降低，原流程选矿技术指标见表 7-30。

表 7-30 原流程选矿技术指标 (%)

年份	钛精矿产率	精矿钛品位	钛精矿回收率
1980	1.31	46.28	8.72
1985	7.5	47.21	35.50
1990	3.27	47.35	16.74
1991	3.63	47.86	17.11
1992	3.73	47.69	17.85
1993	3.98	47.56	18.79
1994	3.59	47.54	19.36
平均	3.86	47.37	20.00

　　优化后的选矿工艺为粗粒级采用重选—电选工艺，细粒级采用磁选—浮选工艺。原矿先用斜板浓密机分级，将物料分成+0.063mm 和−0.063mm 两种粒级，+0.063mm 粒级经圆通筛隔渣后，再经螺旋选矿机选得钛粗精矿，该粗精矿经浮选脱硫后，过滤干燥，再用电选法得粗粒钛精矿；−0.063mm 粒级物料用旋流器脱除−19μm 的泥之后，用湿式高梯度强磁选机将细粒钛铁矿选入磁性产品中，磁性产品先浮选硫化矿，再通过一次粗选、一次扫选、四次精选的钛铁矿浮选流程，获得细粒钛铁矿精矿。2003~2005 年的生产技术指标见表 7-31。

表 7-31　选钛厂 2003~2005 年主要技术指标

项目	年　份		
	2003	2004	2005
年处理矿石/t	4427797.89	4337162.41	4805951.49
钛精矿产量/t	192325.66	218162.52	250700.28
钛精矿品位/%	47.67	47.51	47.48
回收率/%	20.88	24.64	24.62

　　2009 年，针对钛回收率仍偏低的状况，进一步对选钛工艺进行改造，粗粒级物料的生产工艺由原来的重选—电选生产流程改为强磁选—磨矿—浮选流程。目前优化后的生产流程如图 7-22 所示。按新的工艺流程生产，年产钛精矿 47 万吨，钛精矿品位为 47%，回收率为 37.26%。

7.2.2　四川太和选矿厂

　　太和铁矿位于四川省西昌市太和乡境内，东距西昌市 10km，南距攀枝花市 275km。太和铁矿 1988 年投产，选矿厂选铁生产流程为二段磨矿磁选，设计年处理矿石 70 万吨。

7.2.2.1　矿石性质

　　太和铁矿矿床为晚期岩浆分异大型钒钛磁铁矿矿床，产于基性-超基性辉长岩岩体中，矿石中赋存着铁、钒、钛、钴、镍、铜、钪等有益元素。选铁尾矿主要化学成分分析结果见表 7-32。

表 7-32　选铁尾矿主要化学成分分析结果　　　　　　　　　（%）

成分	TFe	FeO	Fe_2O_3	TiO_2	V_2O_5	SiO_2
含量	13.42	10.58	7.4	12.58	0.07	35.86
成分	Al_2O_3	CaO	MgO	Co	Ni	
含量	11.56	11.32	9.25	0.018	0.013	

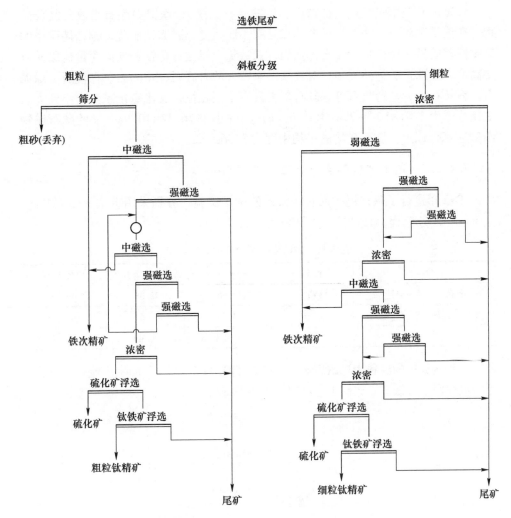

图 7-22 选钛厂优化后生产流程

在选铁尾矿中主要金属氧化物为钛铁矿和钛磁铁矿，还有少量磁黄铁矿及黄铁矿，脉石矿物有钛辉石、斜长石、橄榄石及少量磷灰石等。钛铁矿是选铁尾矿中利用价值最高的工业矿物。钛铁矿的产出形式为粒状钛铁矿、呈固溶体分解产物的叶片状钛铁矿和脉石中包裹的针状钛铁矿。对选矿而言，后两种形式存在的钛铁矿是难以回收的，可以回收的只有粒状钛铁矿。钛铁矿矿物含 TiO_2 50.97%，含铁 33.20%。

由于钛铁矿结晶分异不够充分，致使在钛铁矿结晶粒中含有其他成分。因这些外来成分的含量不同，钛铁矿的磁性也有差异。其磁性变化范围为 $76.32\times10^{-6}\sim140.26\times10^{-6}\,cm^3/g$。

钛磁铁矿是由磁铁矿、钛铁矿、钛铁晶石、镁铝-铁铝尖晶石组成的复合矿物。在选铁尾矿中，钛磁铁矿的特点是有不同程度的磁赤铁矿化；选铁尾矿中的钛磁铁矿的另一特征是绿泥石化强烈，在数量上绿泥石化钛磁铁矿含量比原矿石要高得多。脉石矿物种类多，对选钛影响较大的有辉石、角闪石、橄榄石、绿泥石、斜长石和少量磷灰石等。脉石矿物具有不同磁性，其比磁化系数由小到大的变化范围为 $3.81×10^{-6}～206×10^{-6}\ \mathrm{cm}^3/\mathrm{g}$，其中小于 $76.32×10^{-6}\ \mathrm{cm}^3/\mathrm{g}$ 的脉石矿物产率达80%以上。脉石矿物的平均密度为 $3.06\mathrm{g}/\mathrm{cm}^3$。

7.2.2.2　选矿试验和生产流程

1992 年进行了磁选尾矿回收钛铁矿的选矿试验，分别采用重选—浮硫电选、强磁选—浮选流程，其试验结果见表7-33。

表 7-33　磁选尾矿综合回收试验结果

试验流程	产品	产率/%	品位（TiO$_2$）/%	回收率/%
螺旋—浮硫—电选	钛精矿	12.06	48.08	49.33
螺旋—强磁—浮硫—电选	钛精矿	14.75	47.67	60.35
强磁—浮选	钛精矿	14.94～13.15	48～49	56.64～50.90

太和选钛厂的给料为选铁尾矿，其中含 TiO$_2$ 12%～15%，原生产流程为重选—浮硫流程回收钛铁矿，选矿工艺流程如图7-23所示。

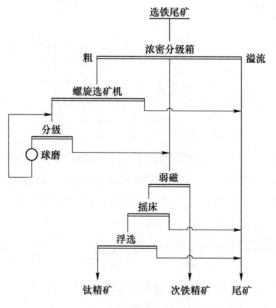

图 7-23　原选钛工艺流程

重选段采用螺旋选矿机粗粒抛尾，螺旋选矿机精矿经磨矿后用弱磁选机选出铁精矿，然后用摇床选，摇床精矿用浮选法得出钛精矿，在流程中，螺旋选矿机的作业回收率为59%，摇床的作业回收率为47%，摇床精矿经浮选后可获含 TiO_2 47%，回收率为15%的钛精矿。

由矿石性质可以看出，钛铁矿与脉石矿物具有较明显的磁性差异，采用磁选机作粗选设备可以丢弃大量的脉石矿物。因此将原生产流程按照强磁—浮选的流程进行改造。改造后的工艺流程如图7-24所示。

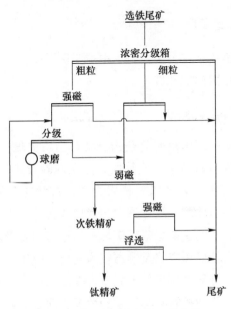

图 7-24 改进后的选钛工艺流程

选铁尾矿首先进行浓密和分级，粗粒和细粒物料分别进入强磁选，粗粒的强磁选精矿磨矿后与细粒强磁选精矿一起进行弱磁选，产出铁精矿，弱磁选的非磁产品再用强磁选机磁选，选出钛粗精矿，然后再通过钛铁矿浮选获得钛铁矿精矿。改造后的新工艺钛精矿品位可达到47%，回收率为50%，比原生产工艺选矿指标有了明显的提高，具体见表7-34和表7-35。

表 7-34 改进前后指标对比 （%）

指标	原流程	改进后	增减
精矿品位（TiO_2）	47.00	47.00	0
精矿回收率（TiO_2）	15.00	50.00	35.00

表 7-35　不同设备作业回收率对比　　　　　　（%）

方案	作业设备	作业回收率（TiO_2）
原流程	螺旋选矿机	59.09
	摇床	47.25
改进后	一次强磁	85.60
	二次强磁	85.70

7.2.3　河北黑山铁矿选矿厂

黑山铁矿隶属于承德钢铁公司，是承钢主要矿石原料生产基地之一，位于承德市马营子乡纪营子村南山的北坡。

7.2.3.1　矿床及矿石性质

黑山铁矿位于天山—阴山东西复杂构造带燕山段赤城—平泉东西向的基性、超基性岩带的一个基性复岩体中。该基性岩体东西断续延伸 40km，侵入于前震旦系混合岩化结晶基底中。岩体以斜长岩为主，自西向东的大庙矿区、黑山矿区、头沟矿区均位于该岩体内，故称该岩体为"大黑头基性岩体"。

黑山铁矿为钛磁铁矿的晚期岩浆矿床。矿体形态主要受岩浆岩的流动构造和原生节理裂隙控制，致使矿体产状及形态较为复杂，成矿作用期间挥发组分虽然促进了岩浆的分异，但分异的作用并不完善，因此出现了大小程度极不相同的块状矿石及块状矿石与浸染状矿石互相混杂的情况，即在矿体中，块状矿石和浸染矿石无规律分布。矿液分异后，有的经过一段运动，贯入斜长岩中，构成质量好、规模较大的矿体。矿体的东北方向或上盘磷灰石相对富集，形成铁-磷矿化，使磷达到工业品位。围岩蚀变不发育，以绿泥石化、云母化和碳酸岩化为主。

黑山矿床已发现大小不等的 60 多个矿体和露头，矿体一般为透镜状、似管状、似扁豆状或不规则的团块状。其中 1 号矿体和 2 号矿体是区内最大的两个矿体，占全矿区储量的 80%。黑山铁矿的矿石分为致密钒钛磁铁矿和浸染型钒钛磁铁矿两种类型。主要矿物是钛磁铁矿、钛铁矿及少量金红石，含钴、镍的黄铁矿等。钒以类质同象赋存在磁铁矿中，钛铁矿与磁铁矿成固融体分离的格子状连晶。钴和镍赋存在黄铁矿和磁黄铁矿中。其他还有铜、铬、磷、金、银及铂族等有益伴生元素。黑山铁矿于 20 世纪 70 年代建有铁矿选矿厂，采用两段磨矿、两段磁选的选矿工艺，得到铁精矿，选铁后的磁选尾矿的主要化学成分分析结果及矿物组成分别见表 7-36 和表 7-37。

表 7-36 黑山铁矿磁选尾矿主要化学成分分析结果 （%）

成分	TFe	FeO	Fe$_2$O$_3$	TiO$_2$	V$_2$O$_5$	SiO$_2$
含量	14.68	13.12	6.4	8.63	0.102	33.53
成分	TiO$_2$	CaO	MgO	P$_2$O$_5$	S	Co
含量	16.27	6.44	4.18	0.19	0.52	0.024

表 7-37 黑山铁矿磁选尾矿矿物组成 （%）

矿物	钛铁矿	钛磁铁矿	赤铁矿	硫化物	绿泥石	斜长石	辉石	其他
含量	15.6	4.3	3.6	1	24.5	35.6	11.6	3.8

磁选尾矿中主要金属矿物以钛铁矿和钛磁铁矿为主，同时还有少量金红石、锐钛矿、白钛矿、褐铁矿、赤铁矿、硫化矿等。脉石矿物以绿泥石和斜长石为主，尚有少量的黑云母、石英、方解石、磷灰石等。

钛磁铁矿的含量达4.3%，它具有强磁性，在后续的钛铁矿选矿中，会干扰钛的分选。绿泥石密度较大，它本身含有铁，而且含铁量是变化的，有一部分绿泥石含铁量高，磁性较强，在用强磁选分选时，会进入到磁性产品中去。矿石中硫化物的含量约1%，它是钛精选时的有害杂质，也必须在选钛时除去。磁选尾矿主要矿物的密度和磁性见表7-38，磁选尾矿粒度组成分析及单体解离度见表7-39。

表 7-38 磁选尾矿主要矿物的密度和磁性

矿物	密度/g·cm^{-3}	比磁化系数/10^{-6}cm^3·g^{-1}
钛磁铁矿	4.815	7300
钛铁矿	4.560	113
硫化物	4.830	16
绿泥石	3.187	50~300
斜长石	2.635	10

表 7-39 铁矿磁选尾矿粒度组成分析及单体解离度

粒级/mm	产率/%		品位	分布率/%		单体解离度/%
	部分	累计		部分	累计	
+0.63	6.37	6.37	1.09	0.84	0.84	21.6
-0.60+0.40	11.53	17.90	2.35	3.29	4.13	50.7
-0.40+0.25	13.90	31.80	4.61	7.77	11.91	69.9
-0.25+0.16	16.08	47.88	7.31	14.26	26.16	87.8

粒级/mm	产率/%		品位	分布率/%		单体解离度
	部分	累计		部分	累计	/%
-0.16+0.10	14.64	62.52	10.02	17.79	43.95	90.4
-0.10+0.074	18.15	80.67	12.48	27.47	71.42	94.5
-0.074+0.050	1.50	82.17	15.17	2.76	74.18	97.7
-0.050+0.030	7.49	89.66	14.43	13.11	87.29	98.6
-0.030+0.010	8.81	98.47	10.89	11.64	98.93	99.0
-0.010	1.53	100.00	5.82	1.07	100.00	99.5
合计	100.00		8.25	100.00		

从表 7-38 可以看出，在 +0.4mm 以上粒级的产率为 17.9%，钛金属分布率仅有 4.13%，这部分粗粒可预先筛除；在 -0.01mm 粒级中，钛的分布率为 1.07%，在 -0.16mm+0.01mm 粒级中，钛铁矿相对富集；+0.25mm 各粒级钛铁矿的单体解离度相对较低。

7.2.3.2　选矿工艺试验及生产流程

1955~1978 年，先后采取 6 批矿样进行选矿试验，选钛的工艺流程有重选—电选方案、强磁—浮选方案、强磁-电选方案。获得钛选矿指标为：钛精矿品位 35%~48%，回收率 8%~39%。1988 年，为了适应国内外钛市场对钛精矿不断增长的需要，长沙矿冶研究院对选钛尾矿进行了选钛试验研究。

选钛试验主要进行了强磁—摇床流程、强磁—电选流程及强磁—摇床—电选流程试验。强磁—摇床流程中强磁选是用 SHP700 型强磁选机进行，强磁精矿经浮硫化矿后，进摇床精选得钛精矿。

强磁—摇床—电选流程主要进行了两种流程试验，一种是对粗粒级进行摇床—浮硫—电选，对细粒级只进行摇床—浮硫；另一种流程是对粗、细粒均进行电选得钛精矿产品。各种流程试验结果见表 7-40。

表 7-40　选钛流程试验结果

流程	精矿产率/%	品位/%			钛回收率/%
		TiO_2	S	P	
强磁—摇床	7.10	46.45	0.11	0.006	39.25
强磁—电选	4.91	46.43	0.089	0.009	27.46
强磁—摇床—电选	6.65	47.31	0.034	0.004	37.85
强磁—摇床—粗粒电选	7.37	47.58	0.032	0.003	42.06

在试验流程的基础上，按重选工艺建成了选钛车间。重选采用一段摇床选

别，但处理能力低，产品品位为 35% 左右。1999 年，陆续增添了螺旋选矿机、电选机等工艺设备，使产量和精矿质量大大提高，精矿品位可以达 46% 以上。已具有年产 5000t 精钛矿的能力。1999 年的选钛生产工艺如图 7-25 所示。

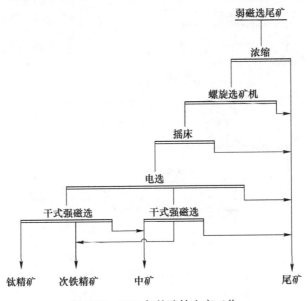

图 7-25　1999 年的选钛生产工艺

重选段粗精矿品位为 35% 左右，回收率为 15% 左右。电选给矿中含有的硫化物、钛磁铁矿等金属矿物与钛铁矿同为导体矿物，造成分选困难，工艺指标受到影响。实际生产过程中，在最终精矿品位为 46% 时，电选段作业回收率为 50% 左右。该流程最终产品品位为 46%，综合回收率为 7.5% 左右。

2002 年，在小型试验的基础上，按照磁选—浮选流程建设了选钛厂。选铁尾矿先进入斜板分级机，斜板分级机起到脱泥和浓密作用，通过分级脱除 −0.03mm 粒级物料。斜板分级机的沉砂由泵扬送至筒式弱磁选机，选出强磁性矿物钛磁铁矿，非磁部分进入湿式高梯度强磁选机进行钛铁矿的粗选，粗选的磁性产品进入高频振动细筛，筛上产物（+0.15mm）磨至 −0.15mm 后再进一步进入高梯度强磁选机进行精选，每段强磁选的尾矿都作为最终尾矿丢弃。精选强磁选的精矿含 TiO_2 为 24% 左右，该物料先浮选选出硫化矿，然后再进行钛铁矿浮选获得钛铁矿精矿。黑山铁矿选钛原则流程如图 7-26 所示。

在选钛工艺中，由于选铁尾矿的浓度过低，矿浆流量大，使用斜板浓密分级机脱除的细泥物料产率大，金属损失大，首先应对选铁尾矿进行浓缩和脱泥，在溢流中损失的钛金属约占 30%。

高梯度强磁选机选钛铁矿，经一次粗选和一次精选的选别工艺，得到的粗精

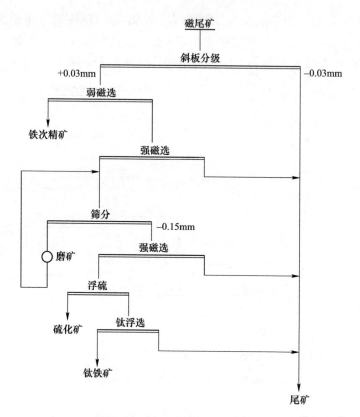

图 7-26　黑山铁矿选钛原则流程

矿含 TiO_2 为 24%左右，作业回收率为 62%左右，尾矿中含钛偏高，特别是精选强磁选的尾矿含 TiO_2 为 6%左右，这部分应该再回收。

钛铁矿的浮选给矿中有较多的绿泥石，而且绿泥石的量和本身的含铁量是不断变化的，这就给浮选分离钛铁矿带来困难，因而有时钛精矿品位难以达到 46%以上。该选矿工艺目前的钛回收率为 30%~35%。

7.2.4　芬兰奥坦马基选矿厂

奥坦马基选矿厂（OtanmäKi）位于芬兰中部，1954 年建成投产，处理奥坦马基矿床的钒钛磁铁矿。1968 年起该厂并入芬兰最大的势塔鲁基钢铁公司。多年来奥坦马基一直是芬兰最大的钛矿山，1972 年底确定的钒钛磁铁矿储量接近 2000 万吨。矿山包括地下采矿（内有一段硐室破碎）、附有干式磁选作业的破碎车间、选矿车间以及有焙烧设备的钒车间 4 个部分。

选矿厂采用磁选—浮选联合流程进行生产。1972 年处理原矿 105 万吨，生产磁铁矿精矿 25.7 万吨，钛铁矿精矿 14.95 万吨、黄铁矿精矿 0.5 万吨及五氧化二钒2124t。其中，钒产品供应瑞典、英国、联邦德国、苏联和其他欧洲国家。

奥坦马基的可开采矿体都赋存于一些扁豆状矿体中，这些矿体长度为20~200m，宽度为30~50m不等。选矿厂处理的矿石含磁铁矿38%~40%、钛铁矿27%~30%、黄铁矿1%~2%，其他为硅酸盐脉石（主要为绿泥石、角闪石和斜长石）。单体解离状态的石英实际上是不存在的，因此矿石比较难磨。矿石组成不均匀，矿石中主要元素含量：TFe为40%、TiO_2为13%、V为0.25%、S为1%、P为0.01%。

该厂投产后选矿工艺有两次较大的改革。1958年以前采用粗粒干式磁选丢尾，粗精再磨后湿式磁选选出磁铁矿精矿，磁选尾矿先浮选出硫精矿，然后经脱泥后浮选钛铁矿。浮选钛铁矿采用塔尔油在pH值为6.5的条件下进行，浮选精矿中TiO_2品位为44%，回收率为74%。1958年以后改为油-药乳化浮选钛铁矿的工艺流程，其特点是硫浮选尾矿直接在高浓度（40%~70%）、pH值为6.2~6.6的条件下和药剂进行长时间（40~60min）的搅拌，采用的捕收剂为塔尔油和柴油的混合物（塔尔油∶柴油=1∶2），并加入占混合物3%~5%的Einxolp-19作乳化剂，粗选pH值为3.2~3.6。实现这一作业后，获得钛精矿品位TiO_2为44%，回收率为88%，较脱泥浮选提高14%。

经多年生产实践又进行了许多改革，改革后的奥相马选矿工艺原矿经三段破碎，最终碎矿粒度为25~0mm；在第二段破碎之后，以干式磁选从粒度75~10mm的物料中预选分离出15%左右的废弃尾矿；第三段破碎后的矿石，在筛孔为3mm的格筛进行筛分。筛上产品再经第Ⅱ段磁选分出8%的废弃尾矿，筛下产品送入直径为250mm的水力旋流器分级，其底流同第Ⅱ段磁选选别的磁性产品合并给入棒磨机磨矿。棒磨机排矿与旋流器溢流合并给入杷式分级机，其返砂再用球磨机磨矿，球磨机排矿与分级机闭路。分级机溢流粒度小于0.074mm占60%。

分级溢流给入第Ⅲ段湿式磁选。所得磁性产品再经第Ⅲ段磨矿分级，粒度为-0.074mm达95%，给入第Ⅳ段磁选，获得含Fe 69%、TiO_2 1%~1.5%、SiO_2 2%和V_2O_5 0.6%的磁铁矿精矿，该精矿送至提钒车间经磨细烧结后，用浸出法回收钒。磁选尾矿采用浮选法选别黄铁矿及钛铁矿。磁选尾矿经脱泥后先采用一次粗选、二次精选、二次扫选的浮选流程选出黄铁矿精矿。浮选黄铁矿后的尾矿先经过40~60min高浓度搅拌，然后采用一次粗选、两次精选、一次扫选的钛浮选流程获得合格钛铁矿精矿。

7.2.5 美国麦金太尔选矿厂

美国麦金太尔（MacIntyre）选矿厂位于纽约州东北部阿迪隆达克山区。1942年投产，原生产能力为3000t/d，现处理能力达10600t/d。矿石中的有用矿物为钛铁矿及磁铁矿，脉石矿物为钠长石、角闪石、辉石、石榴子石和黑云母等。矿石坚韧难碎、难磨，不含黏土。原矿石平均含铁28%。选矿厂采用磁选流程选别磁铁矿，用重选—磁选流程选别粗粒钛铁矿，共有 5 个系列，选别原则流程如图7-27所示。

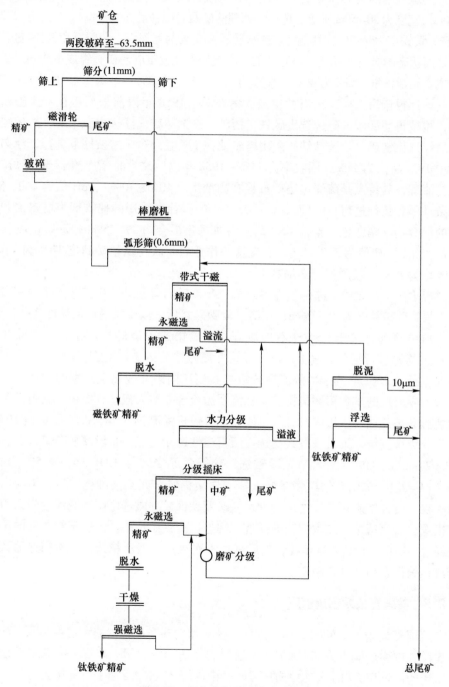

图 7-27　麦金太尔选矿生产流程

入选原矿首先进行预筛分，筛上产物用 1220mm×1520mm 颚式破碎机第一段破碎，破碎粒度为-203mm。一段开路破碎产物和一段筛分作业筛下产物全传送到二段筛分作业，其筛分粒度为 63.5mm。一、二段筛分作业均采用格条筛，二段筛分作业的筛上产物采用 2130 标准型圆锥破碎机碎至-38mm，二段破碎后产物与二段筛分作业筛下产物合并进入第三段筛孔为 19mm 和 11mm 两个级别，进入磁滑轮磁选，丢弃部分尾矿。

磁选精矿进入 1650mm 短头圆锥破碎机进行第三段破碎，破碎产品与双层筛筛下-11mm 产品合并进入细矿仓。

细碎后的矿石首先给入棒磨机与弧形筛闭路的磨矿系统，磨矿粒度为-0.6mm。弧形筛筛下产品经带式磁选机粗选，永磁筒式磁选机精选，获得磁铁矿精矿。永磁选溢流及磁铁矿精矿脱水溢流用泵扬送至浮选系统进行细粒钛铁矿浮选，磁选尾矿进行粗粒钛铁矿选别。

粗粒钛铁矿采用重选—磁选联合流程选别。磁选尾矿进入选钛系统后，先用水力分级机分成三个粒级，较粗的两级入摇床重选，-74μm 粒级进入浮选段。摇床选获得钛铁矿粗精矿、中矿及最终尾矿。

摇床中矿经球磨机再磨后再返回到磁选段进行复选。摇床精矿中含磁铁矿连生体，采用永磁磁选机将其选出，然后经球磨机再磨再选。永庭机磁选尾矿即粗粒钛铁矿粗精矿再经韦瑟里尔型强磁选机选别，获得最终粗粒钛铁矿精矿。

细粒钛铁矿是浮选法回收的。该厂将全厂细泥，包括磁选溢流、磁铁矿脱水溢流、分级机溢流全部集中到浮选段选别。进入浮选段的矿石采用两段水力旋流器进行脱泥，溢流粒度为-10μm。浮选采用的药机有塔尔油、燃料油、硫酸、氟化钠及起泡剂。浮选流程为"一粗二精"，得细粒钛铁矿矿。

设置浮选段是为了获得高品位的纯净钛铁矿，为保证浮选效果，装有检测仪表及某些自动化控制装置。

7.2.6 加拿大索雷尔选矿厂

索雷尔（Sorel）选矿厂位于加拿大蒙特利尔附近，属魁北克铁钛公司（Quebec Iron & Titanium Corp，Q.I.T）。该公司系加拿大唯一开采处理钛铁矿的企业。

矿石采自该公司所属的魁北克拉德湖地区的拉克提奥矿。该矿为国外目前最大的钛铁矿床之一，产量超过 1 亿吨。该矿于 1950 年投产，露天开采，采出矿后就地进行粗碎和中碎，然后运至索雷尔选矿厂进行选矿和冶炼。生产出含 TiO_2 70%~72%的高钛渣和纯生铁两种产品。

1950 年该厂投产时，矿石经碎矿后直接进行电弧炉熔炼。但因矿石品位波动大，硫含量高，致使钛渣含硫量高达 0.6%。为了给电弧炉提供均匀的高品位原料,于 1956 年增加了选矿厂。截至 1972 年,原矿年处理量达 200 万吨,高钛渣和生铁的年产量分别达到 82 万吨和 57 万吨。

该矿原矿为块状钛铁矿与赤铁矿的混合矿,其比例为 2∶1。脉石矿物主要为斜长石,此外还有少量辉石、黑云母和黄铁矿。矿石平均含 TiO_2 35%,含 Fe 40%。矿石中的赤铁矿呈细粒嵌布于钛铁矿中,不能用选矿方法分离。黄铁矿遍布于钛铁矿与赤铁矿的晶格间,平均含硫为 0.3%。矿石中铁和钛氧化物含量平均为 86%,矿石密度为 4.4~4.9g/cm³。该矿原矿化学成分见表 7-41。

表 7-41　拉克提奥矿石化学成分　　　　　　　　　（%）

成分	TiO_2	CaO	S	FeO	MgO	Na_2O+K_2O
含量	34.30	0.90	0.30	27.50	3.10	0.35
成分	P_2O_5	Fe_2O_3	Cr_2O_3	SiO_2	V_2O_5	Al_2O_3
含量	0.015	25.20	0.10	4.30	0.27	3.50

索雷尔选矿厂工艺流程如图 7-28 所示。原矿先破碎至 -9.5mm,然后用 1500mm×4300mm 泰洛克振动筛筛分,+1.2mm 粒级含量为 85%,进入重介质旋流器进行分拣。重介质旋流器用磁铁矿作介质。

-1.2mm 物料经浓缩脱泥后,用螺旋选矿机分选。重介质选矿的给料中铁和钛氧化物平均含量为 80%,经选别后提高到 94%。螺旋选矿机给料中铁钛氧化物含量为 75%,选别后提高到 91.5%。两者混合精矿中铁与钛的氧化物含量平均为 93%。其中含 TiO_2 36.8%,含 Fe 41.8%。选厂精矿产量为 150~200t/h,回收率约为 90%。精矿产品经煅烧脱硫,用电弧炉煤粉还原,生产出高钛渣和纯生铁产品。该厂高钛渣成分见表 7-42。

表 7-42　高钛渣成分　　　　　　　　　（%）

成分	TiO_2	CaO	C	P_2O_5	FeO	MgO	S	MnO	Fe	Cr_2O_3
含量	70~72	<1.2	0.03~0.1	<0.025	12~15	4.5~5.5	0.03~0.1	0.2~0.3	<1.5	<0.25

7.2.7　挪威泰坦尼亚选钛厂

泰坦尼亚钛矿（Titania）位于挪威罗加兰南部,是欧洲已探明的最大钛铁矿床。原矿含 TiO_2 18%,露天开采,平均处理能力为每年 300 万吨。泰坦尼亚公司属于克劳诺斯钛公司（Kronos Titan）。

泰坦尼亚选钛厂最初是一座全浮选的选矿厂,生产后由于矿石性质的变化,采用单一浮选法指标波动较大,回收率低,只有 60%~65%,并且浮选过程很难控制。1986 年改变了工艺流程,采用粗粒重选,细粒磁选—浮选的工艺流程,

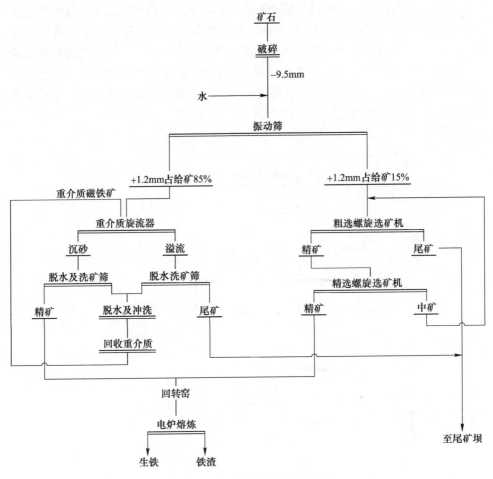

图 7-28 索雷尔选矿厂生产流程

生产指标有了较大提高，并将生产能力扩大到 400t/h。

泰坦尼亚钛铁矿在地质上是 Eger-Sund 斜长岩里的一个侵入体，储量有 3 亿多吨的矿床。泰坦尼亚钛矿平均矿物组成见表 7-43。

表 7-43 泰坦尼亚钛矿平均矿物组成 （%）

矿物	钛铁矿	钛磁铁矿	斜长石	硫化物	紫苏辉石	磷灰石	黑云母	次生矿物
含量	39	2	36	<1	15	<1	3.5	2.5

泰坦尼亚钛矿主要有用矿物为钛铁矿、磁铁矿和少量硫化矿。脉石矿物主要有斜长石、紫苏辉石、磷灰石和黑云母。另外由于矿体的蚀变作用，使得矿石中含一定数量的黏土、绿泥石、滑石、石灰石等裂隙矿物。

　　原矿经三段破碎,将矿石碎至-12mm。磨矿采用一段磨矿作业,球磨机与水力旋流器成闭路,磨矿粒度为-0.4mm。磨矿产品先用弱磁选机选出磁铁矿及强磁性硫化矿,非磁产品经三段水力旋流器分级和脱泥,一、二段水力旋流器的溢流粒度为-74μm;第三段水力旋流器是脱除-10μm的泥并直接丢弃。一、二段水力旋流器沉砂进入重选回路。其流程是以50μm分界,粗粒级重选、细粒级强磁—浮选,选矿原则流程如图7-29所示。

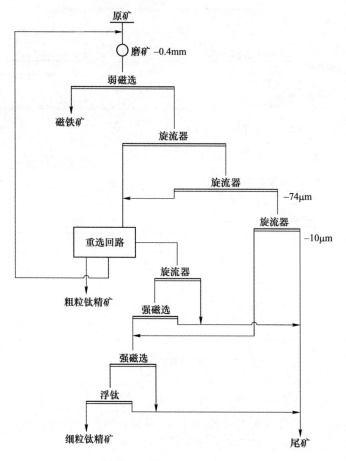

图 7-29　泰坦尼亚选钛厂流程

　　重选回路是用圆锥选矿机作粗选设备,圆锥选矿机选出的精矿用螺旋选矿机两次精选得粗粒钛铁矿精矿。

　　重选回路中共使用了18台圆锥选矿机,每台圆锥选矿机的处理能力为70~90t/h,给矿浓度(质量分数)为60%~68%。精选用的螺旋选矿机共240台。螺旋选矿机的尾矿返回至圆锥选矿机再选,圆锥选矿机产出的带连生体的中矿再返回到磨矿机。磨矿产品中-74μm+10μm部分及重选回路的尾矿用强磁选机进行选钛磁选，磁选可以丢弃大部分脉石矿物。磁选给矿含 TiO_2 15%左右，富集后精矿含 TiO_2 32%，作业回收率为93%。强磁选的精矿进入浮选选钛作业，因为回收细粒钛铁矿使用了磁选—浮选工艺，使入浮选的矿量比过去减少了80%，原来的浮选给料含 TiO_2 为17%~18%，现在浮选给料含 TiO_2 可达30%~32%。

浮选采用脂肪酸作捕收剂，中间有浓缩及 pH 值调整作业。

重选的钛精矿品位为44%，回收率为46%，浮选钛精矿品位为44%，回收率为29%，总回收率为75%。

泰坦尼亚选钛厂几个主要产品粒度分析结果见表7-44。

表 7-44 选钛厂主要产品粒度分析解结果 （%）

粒级/mm	磨矿旋流器溢流		重选尾矿		重选精矿		弱磁给矿		浮选给矿	
	产率	TiO_2	产率	TiO_2	产率	TiO_2	产率	TiO_2	产率	TiO_2
>0.417	2	3	5	2						
0.218~0.417	12	8	35	8	3	44				
0.149~0.218	11	17	29	8	18	44				
0.104~0.149	15	19	16	4	28	42	6	3	2	7
0.074~0.104	14	20	8	7	30	43	13	4	6	10
0.044~0.074	14	21	4	22	19	45	28	12	23	26
<0.044	32	20	3	35	2	46	53	23	69	37
合计	100	18	100	5	100	44	100	16	100	32

7.3 原生金红石选矿厂

7.3.1 湖北枣阳金红石矿

枣阳金红石矿是我国目前已开发利用的一个特大型金红石原生矿床，自投产以来由于矿石性质复杂，选矿指标一直很低。1983年以前生产总回收率仅有16.65%，以后进行了流程改造，总回收率也仅有23%~26%。

7.3.1.1 矿石性质

枣阳金红石矿系变质基性岩矿床，主要有用矿物有金红石、钛铁矿、磁铁矿、榍石、白钛石、黄铁矿等。脉石矿物主要为石榴石、角闪石、绿泥石、云母、长石、石英等。

原矿主要化学成分分析结果及矿物组成分别见表7-45和表7-46。

表 7-45　枣阳金红石矿原矿主要化学成分分析结果

成分	TiO_2	SiO_2	Al_2O_3	FeO	Fe_2O_3	CaO
含量/%	2.90	41.41	16.85	13.91	4.10	8.45
成分	MgO	P_2O_5	S	V_2O_5	Na_2O	ZrO_2
含量	0.45	0.15	<0.027	0.14	2.70	0.044

表 7-46　枣阳金红石矿矿物组成　　　　　　　　（%）

矿物	金红石	钛铁矿	角闪石	石榴石	绿帘石	绿泥石
含量	2.60	0.80	67.90	9.30	11.70	4.50

有部分金红石的矿物本身含铁，或颗粒共生有含铁矿物（主要是铁矿物、角闪石等），因而带有磁性，金红石常与白钛石、钛铁矿、榍石共生，有呈尘埃状浸染分布在角闪石中或呈筛孔状包裹在角闪石中。一般嵌布粒度为 0.1 ~ 0.03mm，最大 0.9mm，最小 0.015mm。金红石矿物的嵌布粒度见表 7-47。钛在脉石中的分布率高，脉石中含钛金属量占原矿钛总量的 15% ~ 20%。

表 7-47　枣阳金红石矿物嵌布粒度

粒级/mm	1 ~ 0.5	0.5 ~ 0.1	0.1 ~ 0.015	<0.015
金红石分布率/%	7.6	56.86	35.6	24

7.3.1.2　选矿工艺及技术指标

原生产工艺为一段磨矿，磨矿粒度为-0.074mm 占 32%，磨矿产品经水力分级机分级、脱泥，水力分级各粒级分别用摇床选别，摇床粗精矿干燥后用磁选法选出磁性物。非磁性部分再经摇床选，其精矿经浮选脱除硫化矿后，再用磁选法脱除磁性物得到金红石精矿。

该工艺粗选 TiO_2 的回收率仅为 37.25%，62.75% 的 TiO_2 损失在摇床尾矿中，经过精选后，最终可以得到含 TiO_2 为 87% 的金红石精矿，回收率为 16.65%。原选矿工艺流程如图 7-30 所示。

1983 年，在原有流程的基础上进行了技术改造，改造后的流程如图 7-31 所示。改造后的流程特点是采用二段磨矿、二段选别。即第一段的磨矿粒度为 -74μm 占 32%，脱泥后进一段摇床选别，摇床中矿再磨至 -74μm 占 65%，使连生体进一步单体解离，然后进入第二段摇床选别。重选回收率由改造前的 37.25% 提高到 49.45%，全厂总回收率由 16.65% 提高到 23%。

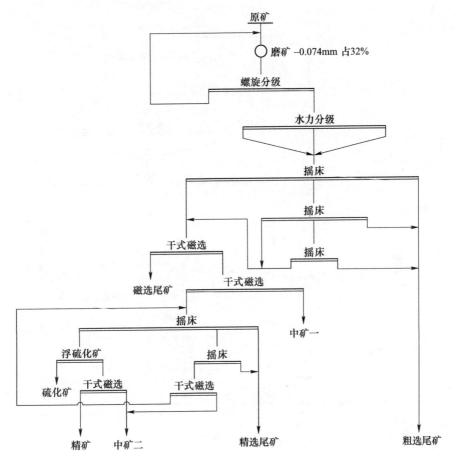

图 7-30　枣阳金红石矿原选矿流程

7.3.2　山西代县碾子沟金红石矿

7.3.2.1　矿石性质

碾子沟金红石矿床为蚀变岩原生矿，矿石中主要金属矿物有金红石、钛铁矿和磁铁矿。脉石矿物主要为透闪石、滑石、角闪石，其次为阳起石、绿泥石、黑云母、石英等。矿石的结构和构造比较简单，金红石呈半自形粒状结构和交代残余结构及少量自形柱状结构，金红石粒度较粗，一般为 0.5~1mm。交代残余结构的金红石大部分被脉石矿物交代。自形柱状结构则为少量细粒（0.05~0.1mm）金红石，被包裹于滑石、透闪石中。

碾子沟金红石矿矿石储量居全国第二位，原矿平均含 TiO_2 1.92%，原矿品位较低，但该矿易采、易选，金红石纯度高、杂质少，开发利用条件较好，可综合回收钛铁矿、磁铁矿。

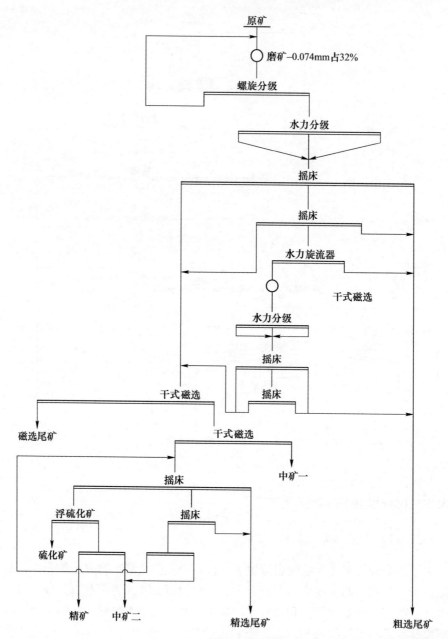

图 7-31　改造后的选矿流程

7.3.2.2　选矿工艺

碾子沟矿已建有选矿厂，选矿工艺为：重选—磁选—酸洗联合流程。获得的金红石精矿品位可达 90%，但回收率低，不到 50%。

湖北地质试验研究所、长沙矿冶研究院及原化工部矿产地质研究院曾对碾子沟金红石矿进行过可选性试验，其工艺流程及选矿指标见表7-48。

表 7-48 三研究单位试验工艺流程及指标

单 位	工艺流程	原矿品位 TiO_2/%	精矿品位 TiO_2/%	回收率/%
湖北地质试验研究所	重选—磁选—酸洗	2.5	94.75	75.31
长沙矿冶研究院	重选—磁选—电选—酸洗	1.86	93.13	75.05
原化工部矿产地质研究所	重选—磁选—酸洗	2.08	95.28	76.93

7.3.3 陕西商南金红石矿

商南金红石矿现已建小型选厂，金红石回收率为40%左右，由于回收率低，因此未能正常生产。

7.3.3.1 矿石性质

商南金红石矿中主要金属矿物有金红石、钛赤铁矿、钛铁矿、榍石、方铅矿、黄铁矿、磁黄铁矿、褐铁矿等。脉石矿物主要有角闪石、黑云母、长石、方解石、绿泥石、透闪石、磷灰石等。金红石粒度为0.15~0.03mm，大于0.15mm及小于0.03mm粒级的金红石量占20%。金红石单矿物中含TiO_2为97.83%，含Fe_2O_3为1.35%。

7.3.3.2 选矿工艺

选矿原则流程如图7-32所示。矿石经两段磨矿、两段重选得粗精矿，粗精矿经过磁选选出含铁的磁性矿物。非磁性产品经酸洗后用摇床选，摇床精矿经过浮选脱除硫化矿后，再通过电选获得金红石精矿。由于矿石性质复杂及用电选选金红石时因粒度太细而电选效果不够理想等原因，使金红石的生产回收率较低。

陕西地矿局西安测试中心、西北有色金属地质研究所、武汉科技大学和昆明理工大学分别对该矿进行选矿工艺研究，其研究结果见表7-49。

表 7-49 各单位选矿试验工艺及指标

单 位	工艺流程	原矿品位 (TiO_2)/%	精矿品位 (TiO_2)/%	回收率/%
昆明理工大学	重选—磁选—酸洗—重选—电选	2.4	94.06	65
陕西地矿局西安测试中心	重选—磁选—重选—酸洗—焙烧	2.14	88.86	49.73
西北有色金属地质研究所	重选—磁选—重选—酸洗—浮选	2.14	92.71	38.14
武汉科技大学	重选—浮选—磁选	2.68	88.08	47.57

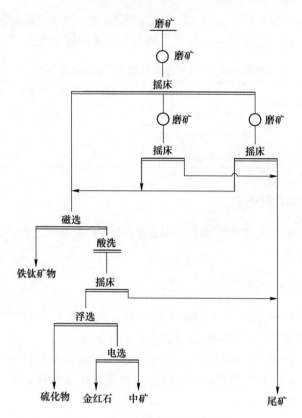

图 7-32　商南金红石矿选矿原则流程

7.4　国内外主要钛锆选矿厂汇总

7.4.1　国内外主要钛选矿厂汇总

国内外主要钛选矿厂汇总见表7-50。

表 7-50　国内外主要钛选厂

厂名	设计规模 /t·d⁻¹	矿石类型及矿石性质	投产日期	选矿工艺	综合回收	选矿指标（TiO₂）/%		
						原矿品位	精矿品位	回收率
中国四川攀枝花选钛厂	20000	原生钛铁矿床，主要含钛铁矿、钒钛磁铁矿、钛辉石、斜长石	1979 年	重选—磁选—电选—浮选		9.8	47.00	37.26
中国四川太和	1000	原生钛铁矿床，主要含钛铁矿、钛磁铁矿、钛辉石、斜长石	1988 年	磁选—浮选		12.58	47.67	50

续表 7-50

厂名	设计规模 /t·d⁻¹	矿石类型及矿石性质	投产日期	选矿工艺	综合回收	选矿指标（TiO₂）/%		
						原矿品位	精矿品位	回收率
中国河北承德双塔山	1500	原生钛铁矿床，主要含钛铁矿、钛磁铁矿、钛辉石、斜长石	1959年	重选—磁选		6.62	44.33	5.17
中国河北承德黑山铁矿	2000	原生钛铁矿床，主要含钛铁矿、钛磁铁矿、钛辉石、斜长石	2002年	磁选—浮选		8.25	40~45	30~35
中国海南乌场钛矿	2400	海滨砂矿，主要矿物有钛铁矿、锆石、金红石、独居石、石英	1965年	重选—磁选—电选	锆石、金红石	1.01	50.40	81.70
中国海南南港钛矿	600	海滨砂矿，主要矿物有钛铁矿、锆石、金红石、独居石、石英	1973年	重选—磁选—电选	锆石、金红石	1.37	50.07	80~81
中国海南沙老钛矿	2000	海滨砂矿，主要矿物有钛铁矿、锆石、金红石、独居石、石英	1971年	重选—磁选—电选	锆石、金红石	2.4~4.8	50~51	87.6
中国湖北枣阳金红石矿		原生金红石矿，主要矿物有金红石、钛铁矿、黄铁矿、石榴石、角闪石		重选—磁选—浮选		2.9	87	23
中国云南禄劝县秧草地选钛厂	3000	钛铁矿，其次为钒钛磁铁矿，并有大量褐铁矿，少量白钛石，绿泥石-伊利石-高岭石黏土		重选—磁选	铁	8.05	45.96	33.97
中国山西代县碾子沟金红石矿		原生金红石矿，主要矿物有金红石、钛铁矿、黄铁矿、角闪石、石英、白云石		重选—磁选—酸洗		2	90	50
中国陕西商南金红石矿	300	原生金红石矿，主要矿物有金红石、钛铁矿、黄铁矿、角闪石、黑云母、长石		重选—磁选—浮选—电选		2.14	87	30

续表 7-50

厂名	设计规模 /t · d⁻¹	矿石类型及矿石性质	投产日期	选矿工艺	综合回收	选矿指标（TiO₂）/%		
						原矿品位	精矿品位	回收率
芬兰奥坦马基	3500	原生钛铁矿床，主要含钛铁矿、磁铁矿、绿泥石、角闪石、斜长石		磁选—浮选	铁	13	44	74
挪威泰坦尼亚	9600	原生钛铁矿床，主要含钛铁矿、磁铁矿、斜长石、紫苏辉石	1986 年	磁选—重选—磁选—浮选	铁	20	44	75
澳大利亚埃巴尔矿	20000	海滨砂矿，主要矿物有钛铁矿、锆石、金红石、独居石、石英	1976 年	重选—磁选—电选	锆石、金红石			58~60
加拿大索雷尔	6000	原生钛铁矿床，主要含钛铁矿、赤铁矿、斜长石、云母、辉石	1950 年	重选—电炉	铁	35	70~72	90

7.4.2　国内外主要锆选矿厂汇总

国内外主要锆选矿厂汇总见表 7-51。

表 7-51　国内外主要锆选矿厂

厂名	设计规模 /t · d⁻¹	矿石类型及矿石性质	投产日期	选矿工艺	综合回收	选矿指标（ZrO₂）/%		
						原矿品位	精矿品位	回收率
中国海南乌场钛矿	2400	海滨砂矿，主要矿物有钛铁矿、锆石、金红石、独居石、石英	1965 年	重选—磁选—电选	钛铁矿、金红石	0.123	65.15	51.00
中国海南南港钛矿	2000	海滨砂矿，主要矿物有钛铁矿、锆石、金红石、独居石、石英	1988 年	重选—磁选—电选	钛铁矿、金红石	0.03~0.08	61~65	60~65
中国海南沙老钛矿	2000	海滨砂矿，主要矿物有钛铁矿、锆石、金红石、独居石、石英	1971 年	重选—磁选—电选	钛铁矿、金红石	0.06~0.25	62~65	50~55
中国广东甲子锆矿	1500	海滨砂矿，主要矿物有钛铁矿、锆石、金红石、独居石、石英	1966 年	重选—磁选—浮选	钛铁矿、金红石	0.146	61.81	47.52

厂名	设计规模/t·d⁻¹	矿石类型及矿石性质	投产日期	选矿工艺	综合回收	选矿指标（ZrO₂）/%		
						原矿品位	精矿品位	回收率
中国广西北海精选厂	100	砂矿，主要矿物有钛铁矿、锆石、金红石、独居石、石英	1967年	重选—磁选—电选	钛铁矿、金红石	0.5~1.5	60~65	55~80
中国山东荣成锆矿	1400	砂矿，主要矿物有钛铁矿、锆石、金红石、独居石、石英	1966年	重选—磁选	钛铁矿、金红石	0.368	61.08	66.32
澳大利亚埃巴尔矿	20000	海滨砂矿，主要矿物有钛铁矿、锆石、金红石、独居石、石英	1976年	重选—磁选—电选	钛铁矿、金红石			
澳大利亚钛矿公司选矿厂	1440	海滨砂矿，主要矿物有钛铁矿、锆石、金红石、独居石、石英	1965年	重选—磁选—电选	钛铁矿、金红石			
印度特拉凡科尔		海滨砂矿，主要矿物有钛铁矿、锆石、金红石、独居石、石英		重选—磁选—电选	钛铁矿、金红石			
澳大利亚亚纳勒库帕选矿厂		海滨砂矿，主要矿物有钛铁矿、锆石、金红石、独居石、石英	1969年	重选—磁选	钛铁矿、金红石			
澳大利亚昆士兰	1440	海滨砂矿，主要矿物有钛铁矿、锆石、金红石、独居石、石英		重选	钛铁矿、金红石			
塞拉利昂金红石公司	3000	海滨砂矿，主要矿物有钛铁矿、锆石、金红石、独居石、石英		重选—磁选—电选	钛铁矿、金红石			
朝鲜海州锆矿选厂	1000	海滨砂矿，主要矿物有钛铁矿、锆石、金红石、独居石、石英	2005年	重选—湿式磁选—重选—干式磁选	钛铁矿、独居石	5.10	64.47	84.20

参 考 文 献

[1] 王向东，等. 钛的基本性质、应用及我国钛工业概况 [J]. 钛工业进展, 2004 (1): 6~8.

[2] 庚晋，等. 金属钛的性能、发展和应用 [J]. 南方金属, 2004 (1): 17~31.

[3] 莫畏，等. 钛冶金 [M]. 北京: 冶金工业出版社, 1998.

[4] 梁冬云，等. 稀有金属矿工艺矿物学 [M]. 北京: 冶金工业出版社, 2015.

[5] 董天颂. 钛选矿 [M]. 北京: 冶金工业出版社, 2009.

[6] 刘向阳. 从钛矿到钛材产业链"演绎"态势 [J]. 金属世界, 2008 (6): 11~16.

[7] 高玉德. GL 型螺旋选矿机的研制及选别实践 [J]. 广东有色金属学报, 1997 (1): 27~31.

[8] 朱远标，赖国新，向延松. HDX-1500 型弧板式电选机的研制 [J]. 有色金属（选矿部分）, 1997 (2): 20~23.

[9] 钮心洁. YD 31200—23 型高压电选机工业生产测试结果浅析 [J]. 冶金矿山设计与建设, 1996 (5): 52~55.

[10] 周岳远. YD 系列高压电选机与电选工艺 [J]. 金属矿山, 1996 (8): 13~14.

[11] 江洪，林德福. YD 型高压电选机及其应用 [J]. 有色金属, 1980 (2): 29~32.

[12] 向延松. 海滨砂矿选钛尾矿中独居石和锆石与钛铁矿的分离研究 [J]. 广东有色金属学报, 1995 (2): 86~90.

[13] 吴贤，张健. 我国大型原生金红石矿的选矿工艺 [J]. 稀有金属快报, 2006 (8): 5~10.

[14] 朱建光. 浮选金红石用的捕收剂和调整剂 [J]. 国外金属矿选矿, 2008 (2): 3~8.

[15] 赵西泽. 西安户县金红石矿地质特征及矿石选矿试验 [J]. 非金属矿, 1995 (6): 14~16.

[16] 王军，程宏伟，赵红波，等. 油酸钠作用下金红石的浮选行为及作用机理 [J]. 中国有色金属学报, 2014 (3): 820~825.

[17] 朱建光. 金红石和钛铁矿的浮选 [J]. 有色矿冶, 1997 (3): 28~35.

[18] 彭勇军，李晔，许时. 苯乙烯膦酸与脂肪醇对金红石浮选的影响 [J]. 中国有色金属学报, 1999 (2): 150~154.

[19] Liu Q, Peng Y. The development of a composite collector for the flotation of rutile [J]. Minerals Engineering, 1999, 12 (12): 1419~1430.

[20] 刘均彪，崔林. 钛铁矿、金红石的浮选理论及实践 [J]. 有色金属, 1987 (2): 34~40.

[21] 王彦令. 用苄基胂酸和油酸混合捕收金红石 [J]. 矿产综合利用, 1991 (3): 51~52.

[22] 贺智明，董雍赓，孙笈. 铅离子对水杨氧肟酸浮选金红石的活化作用研究 [J]. 有色金属, 1994 (4): 43~48.

[23] 丁浩. 金红石与磷灰石浮选分离中硫酸铝的作用研究 [J]. 化工矿山技术, 1997 (3): 13~16.

[24] 丁浩，任瑞晨，邓雁希，等. 金红石与石榴石浮选分离及调整剂作用机理 [J]. 辽宁工程技术大学学报, 2007 (5): 787~790.

［25］崔林，刘均彪．金红石和石榴石浮选分离的研究［J］．化工矿山技术，1986（5）：32~33.

［26］肖六均．攀枝花钒钛磁铁矿资源及矿物磁性特征［J］．金属矿山，2001，295（1）：28~30.

［27］戴新宇．原生钛铁矿选矿技术进展［J］．中国矿业，2002（2）：40~42.

［28］李忠荣，蒲劲松．原生钛铁矿选矿技术进展［J］．国外金属矿选矿，2001（3）：20~22.

［29］周建国，刘轶平，周光华．攀枝花选钛厂工艺流程及装备优化［J］．矿冶工程，2000，20（4）：45~48.

［30］许新邦．磁-浮选流程回收攀钢微细粒钛铁矿的试验研究［J］．矿冶工程，2001，21（2）：37~40.

［31］金文杰，曾丽，朱高淑．预磁化对攀钢钛磁铁矿分选效果的影响［J］．金属矿山，2001，296（2）：41~43.

［32］李忠荣，蒲劲松．原生钛铁矿选矿技术进展［J］．国外金属矿选矿，2001（3）：20~22.

［33］袁国红，余德文．R-2 捕收剂选别攀枝花微细粒级钛铁矿试验研究［J］．金属矿山，2001，303（9）：37~39.

［34］何虎，余德文．ZY 捕收剂分选粗粒级钛铁矿的试验研究［J］．金属矿山，2002，321（6）：23~25.

［35］谢建国，陈让怀，曾维龙．新型捕收剂 RST 浮选微细粒级钛铁矿［J］．有色金属，2002，54（1）：72~74.

［36］谢建国，张泾生，陈怀让，等．新型捕收剂 ROB 浮选微细粒级钛铁矿的试验研究［J］．矿冶工程，2002，22（2）：47~50.

［37］谢泽君．XT 新型浮选捕收剂的工业试验［J］．矿冶综合利用，2004（4）：22~26.

［38］傅文章，张渊，洪秉信，等．攀枝花细粒级钛铁矿回收利用工艺技术研究［J］．金属矿山，2000（2）：37~40.

［39］余德文，钟志勇．原生细粒钛铁矿无抑制剂浮选［J］．国外金属矿选矿，2000（3）：24~26.

［40］余新阳，陈禄政，周源．尾矿中钛资源综合回收的研究［J］．中国资源综合利用，2003（12）：5~7.

［41］朱俊士．中国钒钛磁铁矿选矿［M］．北京：冶金工业出版社．1996.

［42］范先峰，罗森 N A．微波能在钛铁矿选矿中的应用［J］．国外金属矿选矿，1999（2）：2~7.

［43］许向阳，张泾生，王安五，等．微细粒级钛铁矿浮选捕收剂 ROB 的作用机理［J］．矿冶工程，2003，23（6）：23~26.

［44］许向阳．攀枝花细粒钛铁矿浮选组合捕收剂的研究［C］//长沙：长沙矿冶研究院，2000.

［45］S. 布拉托维奇．处理复合的钙钛矿、钛铁矿和金红石矿石的方法［J］．国外金属矿选矿，2000（3）：27~31.

［46］孙传尧．选矿工程师手册［M］．北京：冶金工业出版社，2015.

［47］高玉德，邹霓，王国生，等．黑山选铁尾矿选钛工程化技术研究［J］．矿产综合利用，

2010（2）：19~21.

［48］陈树民. 攀枝花微细粒（-19μm）钛铁矿回收探索试验［J］. 矿产综合利用，2004（5）：7~10.

［49］唐明权. 攀枝花钒钛铁资源的二次综合利用［J］. 矿冶工程，2003，31（2）：32~34.

［50］杨慧根. 磷钇矿与独居石浮选的探讨［J］. 有色金属（冶炼部分），1978（1）：23~30.

［51］陈勇，宋永胜，温建康，等. 某含稀土、锆复杂铌矿的选矿试验研究［J］. 稀有金属，2013，37（3）：429~436.

［52］ТЦУНОВ А А，关尔. 用羟肟酸浮选铌铁矿和锆石工艺的半工业试验［J］. 国外金属矿选矿，1989（9）：44~50.

［53］曹苗. 金属离子在金红石浮选体系中的作用机理研究［D］. 长沙：中南大学，2016.

［54］卜浩. 混合捕收剂浮选金红石机理研究［D］. 长沙：中南大学，2017.

［55］陈斌. 新型捕收剂对钛铁矿的浮选研究［D］. 长沙：中南大学，2010.

［56］王濮. 系统矿物学［M］. 北京：地质出版社，1982.

［57］Jones P. Infra-red studies of rutile surfaces. Part 3. —Adsorption of water and dehydroxylation of rutile［J］. Journal of the Chemical Society Faraday Transactions，1972，68：907~913.

［58］Koretsky C M. A model of surface site types on oxide and silicate minerals based on crystal chemistry; implications for site types and densities, multi-site adsorption, surface infrared spectroscopy, and dissolution kinetics［J］. American Journal of Science，1998，298（5）：349.

［59］Martinez R E, Smith D S, Kulczycki E, et al. Determination of intrinsic bacterial surface acidity constants using a donnan shell model and a continuous pK（a）distribution method［J］. Journal of Colloid & Interface Science，2002，253（1）：130~139.

矿物体视显微镜彩图

彩图 1　体视显微镜放大 50 倍

（矿砂中的粗粒钛铁矿）

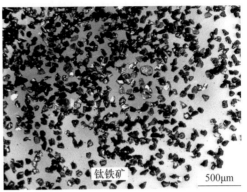

彩图 2　体视显微镜放大 50 倍

（矿砂中的细粒钛铁矿）

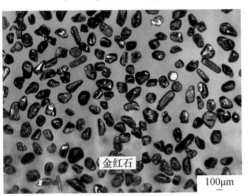

彩图 3　体视显微镜放大 40 倍

（矿砂中的金红石）

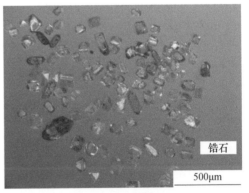

彩图 4　体视显微镜放大 40 倍

（红土型碳酸岩风化壳中锆石）

彩图 5　体视显微镜放大 40 倍

（矿砂中的粗粒白钛石）

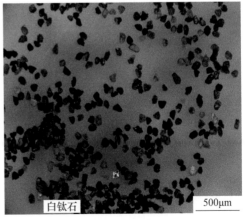

彩图 6　体视显微镜放大 50 倍

（矿砂中的细粒白钛石）

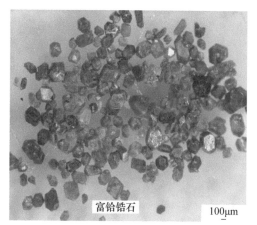

彩图 7　体视显微镜放大 50 倍
（花岗伟晶岩风化壳中的富铪锆石）

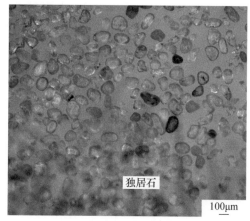

彩图 8　体视显微镜放大 40 倍
（矿砂中的粗粒独居石）

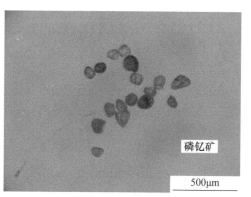

彩图 9　体视显微镜放大 50 倍
（矿砂中的磷钇矿）

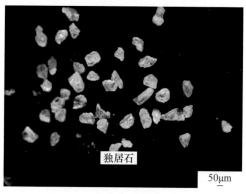

彩图 10　体视显微镜放大 50 倍
（碱性花岗岩中的独居石）

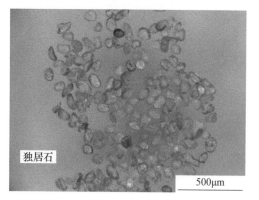

彩图 11　体视显微镜放大 50 倍
（矿砂中的细粒独居石）

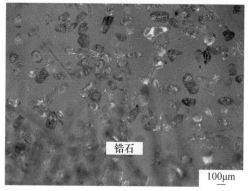

彩图 12　体视显微镜放大 40 倍
（矿砂中的粗粒锆石）

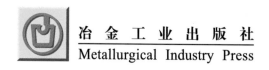

冶金工业出版社

Metallurgical Industry Press

XIANDAI TAIGAOKUANG XUANKUANG

ISBN 978-7-5024-9022-5

9 787502 490225 >

定价68.00元

销售分类建议：地质·采选